Carl-Auer

Frank Boos/Gerald Mitterer

Einführung in das systemische Management

Dritte Auflage, 2025

Reihengestaltung: Uwe Göbel
Umschlag: Heiner Eiermann
Redaktion: Sandra Lode
Satz: Verlagsservice Hegele, Heiligkreuzsteinach
Printed in Germany
Druck und Bindung: CPI books GmbH, Leck

MIX
Papier | Fördert gute Waldnutzung
FSC® C083411

Dritte Auflage, 2025
ISBN 978-3-8497-0323-3

Bibliografische Information der Deutschen Nationalbibliothek:
Die Deutsche Nationalbibliothek verzeichnet diese Publikation in der Deutschen Nationalbibliografie; detaillierte bibliografische Daten sind im Internet über http://dnb.d-nb.de abrufbar.

Informationen zu unserem gesamten Programm, unseren Autoren und zum Verlag finden Sie unter: **https://www.carl-auer.de/**.
Dort können Sie auch unseren Newsletter abonnieren.

Carl-Auer Verlag GmbH
Vangerowstraße 14 • 69115 Heidelberg
Tel. +49 6221 6438-0 • Fax +49 6221 6438-22
info@carl-auer.de

Inhalt

Einleitung: Das Wunder von Dover ... 7

1 Systemischer Blick auf Organisation ... 10
1.1 Ein Start-up als System ... 10
1.2 Bilder von Organisation ... 12
1.3 Mensch und Organisation ... 15
1.4 Die Organisation und ihre Umwelt ... 19
1.5 Organisationen als Entscheidungssysteme ... 22
1.6 Fazit ... 25

2 Management anders gedacht ... 26
2.1 Management in der kopernikanischen Wende ... 26
2.2 Der Polizist als Konstruktivist ... 29
2.3 Instrument der dynamischen Steuerung: Neuwaldegger Schleife ... 31
2.3.1 Information aufnehmen ... 33
2.3.2 Hypothesen bilden ... 36
2.3.3 Stoßrichtung entscheiden ... 40
2.3.4 Intervention setzen ... 42
2.4 Wirksam oder nicht wirksam, das ist hier die Frage ... 44
2.5 Fazit ... 48

3 Ansatzpunkte für Management ... 51
3.1 Leitsystem für Entscheidungen: Die Entscheidungsprämissen ... 51
3.2 Das viereckige Dreieck ... 54
3.3 Kultur als Merkmal lebendiger Systeme ... 57

4 Komplexitätslandkarte – Orientierung im Management ... 60
4.1 Fünf Grundtypen des Managements ... 66
4.1.1 »Geregelte Effizienz« ... 67
4.1.2 »Gemanagte Welt« ... 68
4.1.3 »Dynamische Vielfalt« ... 70

4.1.4 »Krise und Umbruch« ... 71
4.1.5 »Genial kompliziert« ... 72
4.2 Muster in den Entscheidungsprämissen ... 73
4.3 Komplexitätskontexte innerhalb einer Organisation ... 76
4.4 Stabilisierung und Veränderung ... 76
4.5 Anlässe für Steuerung ... 77

5 Organisation und Management im Wandel der Zeit ... 80
5.1 Wie Management entstanden ist und sich entwickelt hat ... 80
5.2 Exkurs: Eine kurze Geschichte des Systemansatzes im Management ... 86

6 Tools für Manager ... 88
6.1 Tool 1: »DNA-Analyse der Organisation« (Lebensweg) ... 88
6.2 Tool 2: »Big Picture« (Das Ganze und seine Teile) ... 90
6.3 Tool 3: »Stakeholder-Analyse« ... 91
6.4 Tool 4: »Reflecting Team« (Hypothesen bilden) ... 93

7 Blick hinter die Kulissen: Ein kurzer Ausflug in die Theorie ... 96
7.1 Die Unterscheidung triviale vs. nichttriviale Maschine ... 96
7.2 Merkmale lebendiger Systeme ... 102
7.2.1 Autopoiesis (Steuerungsmuster) ... 103
7.2.2 Die System-Umwelt-Differenz ... 104
7.2.3 Kommunikation ... 105
7.2.4 Operationale Geschlossenheit und strukturelle Koppelung ... 107
7.2.5 Sinn ... 108
7.3 Und wozu das Ganze? (»Nichts ist so praktisch wie eine gute Theorie«) ... 112
7.4 Systemtheorie: Unterscheidungen, die einen Unterschied machen 114

Literatur ... 123
Über die Autoren ... 128

Einleitung: Das Wunder von Dover

Im Fährhafen von Calais im Norden Frankreichs Ende der 1970er-Jahre: Fährschiffe unterschiedlichster Reedereien stehen zum Einsteigen bereit. Passagiere, manche in ihren Autos, manche zu Fuß, suchen nach dem Schiff, das sie gebucht haben. Hinweisschilder scheinen eher zu Dekorationszwecken angebracht, kreatives Chaos beherrscht das Bild. Ruhig nach dem richtigen Weg zu suchen, um sich dann in die passende Schlange einzureihen, ist offenbar ein fremdes Konzept für die Menschen im Hafen von Calais. Und doch findet im teils fröhlichen, teils hektischen Gewirr jeder seinen Platz.

Knapp zwei Stunden später gehen dieselben Passagiere in Dover am Südostzipfel Englands wieder von Bord. Ruhig und geordnet betreten sie englischen Boden und orientieren sich an den Leitsystemen, um zu weiteren Transportmitteln zu gelangen. An den Ticketschaltern bilden sie ordentliche Reihen, und auch die Autofahrer können plötzlich geordnet von der Fähre hin zur Straße fahren. Auf wundersame Weise scheinen in England einige wenige Hinweisschilder und Schranken Ordnung in die gleiche Menschenmasse bringen zu können, die ähnliche Regeln in Frankreich hartnäckig ignoriert hat.

Wie ist das möglich? Wenn man nicht an ein Wunder glauben will, könnte man verschiedene Modelle für den Versuch einer Erklärung heranziehen. Je nachdem, welche »Theoriebrille« der jeweilige Betrachter trägt, kommt er dabei zu unterschiedlichen Auslegungen. Ein Vertreter der klassischen Managementtheorie würde möglicherweise einen Mangel an Hinweisschildern und Schranken in Frankreich diagnostizieren. Mit einer sozialpsychologischen Erklärung und dem Hinweis auf die unterschiedlichen Sozialisationen in England und Frankreich würde man nicht weiterkommen, da das Verhalten unabhängig von der Nationalität der Passagiere zu beobachten ist und nur davon abhängt, ob diese sich auf englischem oder französischem

Boden aufhalten. An dieser Stelle sei der Vollständigkeit halber erwähnt, dass das Phänomen auch bei umgekehrtem Weg – von Dover nach Calais – beobachtbar ist. Systemtheoretisch erklären sich die Unterschiede im Verhalten der Passagiere so: Im Kontext Frankreich erscheinen andere Handlungen für die Akteure angemessen als im Kontext England. Die inneren Annahmen über den jeweiligen Kontext bestimmen und verändern das beobachtbare Verhalten: In Frankreich ist für die Reisenden offenbar chaotisches Durcheinander angebracht, wohingegen man sich in England auf ein regeltreues Benehmen einstellt.

Die Systemtheorie liefert Grundlagen, mit denen sich solche und andere Phänomene in sozialen Systemen begreifbar machen lassen. Je nach Kontext sind bestimmte Interventionen und Kommunikationen mit höherer Wahrscheinlichkeit wirksam als andere. Einen absoluten Wahrheitsanspruch – diese Handlung ist richtig, diese ist falsch – erhebt die Systemtheorie, auch aufgrund ihres konstruktivistischen Unterbaus, jedoch nicht. Patentrezepte gibt es nicht. Oder anders formuliert: In der systemischen Haltung »könnte es so, aber auch ganz anders sein«. Das empfinden Manager, die nach einer eindeutigen Lösung suchen, häufig als unbefriedigend. »Es könnte so, aber auch ganz anders sein« wirkt jedoch auch entlastend und unserer Erfahrung nach äußerst inspirierend und Erfolg anregend. Diese Haltung lädt ein, sich für einen Standpunkt zu entscheiden: Selbst wenn die Handlung (das Anstehen in Dover oder Calais) die gleiche ist, ändert die »Theoriebrille« unsere Beobachtung und Interpretation der Situation. Jede Beobachtung beginnt also – bewusst oder unbewusst – immer auch mit einer Entscheidung über die Kategorien der Beobachtung.

Auch dieses Buch beginnt mit einer Entscheidung. Wenn Sie dem gewohnten Kapitelfluss folgen und gleich unten weiterlesen, erfahren Sie etwas über den systemischen Blick auf Organisationen und wie Management anders gedacht werden kann. Sollten Sie jedoch zuerst an einem „Blick hinter die Kulissen“ – an der Geschichte des Managements – interessiert sein, empfiehlt sich ein Einstieg bei Kapitel 5. Oder schmökern Sie in den konkreten Tools in Kapitel 6. Sie haben die Freiheit, sich zu entscheiden.

Mit dem vorliegenden Band, der aus unserem Curriculum für systemische Unternehmensentwicklung entstanden ist, wollen wir Ihnen die systemische Betrachtungsweise und die daraus folgenden Konsequenzen für Management näherbringen. Und natürlich wollen wir, dass Sie – sollten Sie jemals etwas Ähnliches erleben, wie wir am Hafen von Calais – die Szenerie ganz anders betrachten, als Sie es vor der Lektüre des Buches getan hätten.

1 Systemischer Blick auf Organisation

1.1 *Ein Start-up als System*

Ebenfalls Ende der 70er-Jahre, jedoch nicht an der Küste Frankreichs, sondern im Zentrum von Europa, beschlossen fünf Personen, ein Unternehmen zu gründen. Sie waren Berater und noch beim gleichen Arbeitgeber angestellt, wollten allerdings eigene Wege gehen, einen neuen Ansatz begründen und ein eigenes Unternehmen aufbauen. In dieser Phase der Vorbereitung schmiedeten sie Pläne und schufen die organisatorischen und rechtlichen Voraussetzungen für ihre eigene Firma. Um den Erfolg nicht zu gefährden, musste vieles geheim passieren, und niemand außer den eigenen Ehefrauen durfte etwas von ihren Plänen erfahren. Dann wurde ein Büro gefunden, der Name festgelegt, beim alten Arbeitgeber gekündigt, und die Kunden wurden verständigt. 1980 konnte dann die neue Firma offiziell an den Start gehen.

Zu diesem Zeitpunkt hatten sie, ohne es so bezeichnen zu können, schon längst ein soziales System – die Beratergruppe Neuwaldegg – gegründet. Ein soziales System lässt sich durch verschiedene Eigenschaften beschreiben. An dieser Stelle seien zunächst drei wichtige genannt: die System-Umwelt-Differenz, ein eigenes Muster der Steuerung und die Kommunikation (siehe dazu auch Kap. 7.2). Zum Ersten: Jedes soziale System hat seine Umwelt; eine spezifische Umwelt – heute würde man sagen »die Stakeholder« – für genau dieses soziale System. Um ein System zu sein, braucht es Umwelten, von denen sich das System ständig abgrenzen muss. Ohne Umwelt gibt es kein System. Diese Umwelten waren im Beispiel der Beratergruppe Neuwaldegg u. a. die Noch-Kollegen, der Chef, die Kunden, die Eigentümer, die Ehefrauen und – systemisch gesehen – sie selbst (dazu später mehr). Wie jedes System musste auch dieses sich von seiner Umwelt abgrenzen. Ohne Grenzen kann ein System keine eigene

Identität entwickeln. Andernfalls könnte man nicht feststellen, was zum System gehört und was nicht. Zum Zweiten – zum eigenen Muster der Steuerung – mussten sie, meistens im Garten von einem der Gründer, ihre eigenen Regeln (zum Umgang miteinander, mit den Kunden oder wie das Geld verteilt werden sollte) aufstellen, um die neue Firma aufzubauen. Sie entwickelten damit nicht nur einzelne Regeln, sondern ihre eigene Steuerungslogik. Und schließlich kommt der dritte Punkt ins Spiel – die Kommunikation: Das System Neuwaldegg musste, wie jedes andere System, sicherstellen, dass man an dem Vorhaben Start-up dranbleibt. Keiner sollte aus Unsicherheit plötzlich abspringen, d. h., es musste ständig weiterkommuniziert werden. Hätten die Gründer aufgehört, miteinander über die neue Firma zu kommunizieren, wäre das Projekt »Firma« eingeschlafen, bevor es richtig gestartet wäre. Mit der Kommunikation wurde sowohl die Fortführung des sozialen Systems ermöglicht, als auch die Abgrenzung des Systems von seiner Umwelt aufrechterhalten.

Wir wollen fürs Erste festhalten und verallgemeinern:

- Um Systeme zu verstehen, muss man sie als System-Umwelt-Differenz begreifen und nicht als isolierte Gebilde ohne Kontext.
- Soziale Systeme entwickeln ihre eigene Form der Steuerung (wie sie Regeln entwickeln), die eine eigene Dynamik hat und – einmal gestartet – schwer zu beeinflussen ist.
- Kommunikation ist das, woraus soziale Systeme bestehen. Solange sie kommunizieren, existieren sie, und wenn sie es nicht mehr tun, gibt es sie nicht mehr.

Es gibt unterschiedliche Typen von sozialen Systemen. Von einfachen Interaktionen (wie ein Flirt an der Bar) lassen sich andere wie Familien, Organisationen oder Gesellschaften unterscheiden. Jeder Typus hat seine eigene Logik und Dynamik. Start-ups sind gerade in der Anfangsphase eine Mischung aus Organisation und Familie (Simon 2004, S. 117 ff.) – beides sind soziale Systeme, die sich jedoch grundlegend voneinander unterscheiden. Start-ups handeln zu Beginn oft wie Familien: Es gibt wenige Regeln und Zuständigkeiten, jeder muss überall anpacken, jeder ist einzigartig und unersetzlich. Organisationen ticken ganz anders: Es gibt Regeln und Zuständigkeiten, die Aufgaben müssen erledigt werden, und Einzelne sollten sogar ersetzbar sein (Boos u. Lenglacher 2004, S. 179 ff.). Für Start-ups, auch in dem oben beschriebenen Fall, ist der Übergang von einer familienähnlichen Struktur zur Organisation ein schmerzhafter Prozess. Ausdifferenzierung und formale Prozesse treten an die Stelle familienähnlicher Bindungen, und die Rolle der realen Familien (und Ehefrauen, ohne deren Unterstützung in der Anfangsphase die Beratergruppe Neuwaldegg nie entstanden wäre) verliert zunehmend an Bedeutung für die Firma. Start-ups, die dies nicht lernen, kommen selten über die Pionierphase hinaus.

1.2 Bilder von Organisation

Das Bild, das man sich von Organisationen macht, beeinflusst dabei das Verständnis von Management und umgekehrt. Jeder Manager handelt vor dem Hintergrund seiner spezifischen Annahmen zu »Organisation«: Annahmen darüber, woraus die Organisation besteht, wie sie funktioniert, welche Rolle ein Manager dabei spielt etc. Und die Kollegen machen das auch. Allerdings oft mit ganz anderen inneren Bildern. Viele Reibungsverluste in Managementteams beruhen auf unterschiedlichen Annahmen der einzelnen Teammitglieder. Diese Annahmen bilden zwar die Basis für ihre konkreten Handlungen, werden aber meist nicht diskutiert und bleiben den anderen daher verborgen. Missverständnisse sind die häufige Folge.

Wie unterschiedlich die Auffassungen von Organisationen in der Praxis sein können, zeigen Bilder und Metaphern, mit denen Organisationen beschrieben werden. In der Praxis begegnen uns am häufigsten die folgenden drei Metaphern (Exner, Exner u. Hochreiter 2009, S. 40 ff.; Morgan 2008):

- *Die Organisation als Maschine*
  Hier wird die Organisation mit einer Maschine, z. B. einem Tanker, verglichen. Es gibt ausgeprägte Hierarchien und eine

klare Aufgabenverteilung mit einem Kapitän als Letztentscheider; Mitarbeiter sind kleine Rädchen in einem größeren System; Abweichungen vom Kurs müssen ausgesteuert und korrigiert werden – auch im Bewusstsein, dass ein Tanker nicht sofort auf die Steuerung reagiert, aber sich mit Geduld doch in die gewünschte Richtung bewegen lässt.

Wenn man eine Organisation als Maschine versteht, wird der Manager zum Ingenieur. Die Aufgabe des Ingenieurs besteht dann vorrangig darin, die Standardisierung und Vereinfachung von Prozessen und Strukturen sicherzustellen. Die Maschine muss optimiert werden. In diesem Verständnis ist der Ingenieur selbst nicht Teil der Organisation, die es zu optimieren gilt. Er ist die außenstehende kreative oder analytische Instanz, der Konstrukteur. Dieses Bild geht von einer stabilen Umgebung und hohen Standardisierbarkeit aus. Die Bedingungen für die Zielerreichung können vorab festgelegt werden, so die Grundannahme.

- ***Die Organisation als Ansammlung von Menschen***
  Bei dieser Metapher wird angenommen, dass Organisationen eine Anzahl von Menschen sind, die sich für die Erfüllung eines gemeinsamen Zwecks zusammenfinden und sich arbeitsteilig organisieren. Personen, die aufgrund ihrer besonderen Erfahrungen, Expertisen oder Fähigkeiten Führungsfunktionen einnehmen, tragen Verantwortung für das Wohlbefinden der »Mannschaft«.

  In diesem Bild sieht sich der Manager als Teil der Organisation, die nach dieser Auffassung von den beteiligten Menschen gebildet wird. Es geht vor allem darum, die Ziele der Organisation mit der Zufriedenheit von Personen in Einklang zu bringen. Dieses Bild rückt den Menschen ins Zentrum und war historisch gesehen als Gegenpol zum dominanten Maschinenbild eine wichtige Weiterentwicklung.
- ***Die Organisation als politisches System***
  Macht ist hier der Schlüsselfaktor in der Organisation. Es gibt kein rationales, zielgerichtetes Vorgehen. Der Mythos der Rationalität aus dem Maschinenbild in Organisationen verschwindet, Ziele sind »politische« Interessen einzelner

Personen oder Gruppen. Entscheidungen fallen auf Basis formeller und informeller Machtverhältnisse.

Der Manager ist ein Knotenpunkt in einem Netz aus unterschiedlichen Interessen. Er jongliert mit diesen Interessen so, dass wechselseitig Nutzen entsteht und die eigene Macht gestärkt wird. Die Organisation wird zum Werkzeug. Alles wird auf individuelle Interessen zurückgeführt, die Organisation hat kein »Eigenleben«.

Diese Bilder sind wie Brillen, durch die man eine Organisation beobachten kann. Je nach Brille sieht man ganz Unterschiedliches. Die »Brillen« sind hilfreich, um Organisationen zu beschreiben. Sie betonen bestimmte Aspekte und geben Orientierung, was angemessenes Managementverhalten jeweils ist. Allerdings haben sie auch klare Grenzen. Wenn man den Annahmen des Maschinenbildes folgt, bleibt der Mensch leicht auf der Strecke. Der Fokus auf die Zufriedenheit der Menschen in der Organisation führt schnell zum Konflikt mit Leistungszielen der Organisationen. Durch die politische Brille wird alles zu einem Spiel aus Verstrickungen und Machtinteressen einzelner Personen.

Diese Organisationsbilder repräsentieren in geraffter Form bestimmte traditionelle Managementansätze: im ersten Fall das »Scientific Management«, im zweiten Fall die »Human Relations«-Bewegung und im dritten die Politik- und Machttheorien. Der systemische Ansatz ist, wie wir weiter oben (System-Umwelt-Differenz, Steuerung und Kommunikation) kurz beschrieben haben, viel abstrakter und betrachtet Organisationen gewissermaßen aus der Vogelperspektive. Dadurch ergibt sich ein größeres Bild, das zunächst weniger detailliert ist. Dafür können komplexe Zusammenhänge aus dem Blickwinkel der systemischen Organisationstheorie beschrieben werden, ohne sie zu werten (Wie kann man die Effizienz steigern? Kommen nicht die Menschen zu kurz? Wer hat hier am meisten zu sagen?). Der systemische Zugang erschließt sich möglicherweise nicht sofort. Der Anstieg auf diese Höhen kann etwas Ausdauer verlangen, doch einmal oben am Gipfel angelangt, bietet sich ein weiter Blick mit vielen neuen Zugängen. Man kann dann trotzdem noch zusätzlich eine der drei anderen »Organisationsbrillen« aufsetzen, wenn man sie für begründet und hilfreich hält.

1.3 Mensch und Organisation

Fast ein Jahrhundert lang – ausgehend von den Überlegungen des US-amerikanischen Arbeitswissenschaftlers Frederick Winslow Taylor (1911) zum »Scientific Management« – bemühte man sich, die menschliche Komponente, also die Person als Schlüsselfaktor, aus der Organisation zu entfernen. In einem relativ stabilen und von kontinuierlichem Wachstum geprägten Umfeld, in dem es um Standardisierung und Prozesseffizienz ging, war das eine erfolgreiche Strategie. Nach wie vor gehören Standardisierung und Vereinfachung zu den Managementaufgaben. Durch die Globalisierung, die unvorhersehbaren Umbrüche und wachsende Komplexität innerhalb und außerhalb der Organisationen hat sich der Fokus jedoch verschoben. Längst gibt es nicht mehr die *eine* Antwort. Heute gilt es, flexibel und abhängig von der jeweiligen Situation zu handeln. Eine Entscheidung, die gestern richtig war, kann morgen zum Chaos führen. Diese Dynamik lässt sich in Prozessstandards und Regeln nur noch schwer abbilden. Was die Organisation mit ihren Regelungen nicht mehr schafft, sollen nun einzelne Personen erledigen. So kommen »Personen« quasi durch die Hintertür wieder herein. Abb. 1 zeigt die zunehmende Komplexität und damit die Bedeutung der Menschen für Organisation im Zeitverlauf.

Wie Komplexität wieder auf Personen verlagert wird, zeigt sich deutlich in der Matrixorganisation: Unterschiedliche Anforderungen bedienen zu müssen, beispielsweise durch Verantwortung für eine berufliche Funktion und gleichzeitig für einen regionalen Bereich, wird in der Matrixorganisation nicht über die Struktur, sondern über einzelne Personen an den Matrixknoten geregelt. Die volle Komplexität landet so wieder bei der Person. Doch auch wenn die Bedeutung des Menschen aufgrund der wachsenden Komplexität zunimmt, brauchen moderne Organisationen die Trennung von Menschen und Organisation. Organisationen sichern ihre eigene Überlebensfähigkeit, indem sie Strukturen und Abläufe nicht von Individuen abhängig machen. Das Computerunternehmen Apple, in den 2000er-Jahren auf Erfolgskurs, arbeitet auch nach dem Tod des charismatischen Firmenchefs Steve Jobs im Oktober 2011 erfolgreich weiter.

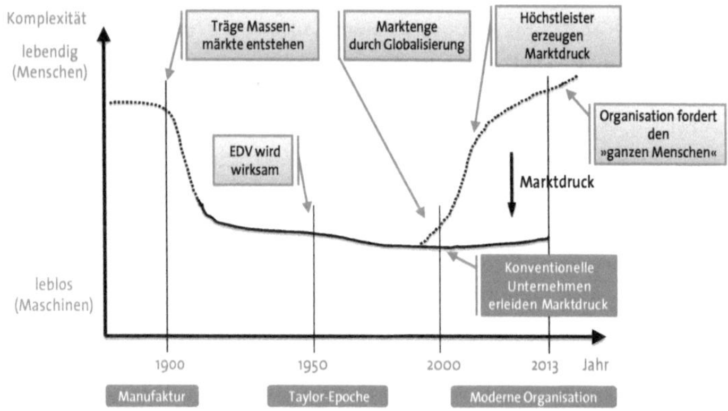

Abb. 1: Taylorwanne
(in Anlehnung an Wohland et al. 2004, S. 21)

Um das Eigentliche, das Wesen, von Organisationen zu verstehen, müssen wir die Menschen zunächst einmal vor die Türe setzen: *Organisationen bestehen nicht aus ihren Mitarbeitern.* Diesen seinerzeit radikalen Gedanken von Chester Irving Barnard (1938) (siehe Kap. 5.1), einem US-amerikanischen Organisationstheoretiker, präzisierte der deutsche Jurist und Soziologe Niklas Luhmann ab den 1960er-Jahren in der neueren Systemtheorie, indem er Menschen zur »Umwelt« von Organisationen zählt. Die Abgrenzung von Organisation und Person ist eine der ganz wesentlichen Annahmen der Systemtheorie: *Menschen gehören nicht zur Organisation, sie sind Teil der Umwelt.* Denn was eine Organisation ausmacht, sind ihre Kommunikationsmuster – nicht ihre Mitarbeiter, nicht ihre Finanzen, nicht ihre

Produkte und Dienstleistungen. So bleibt die Organisation unabhängig von individuellen Menschen entscheidungs- und handlungsfähig. Manch ein Start-up-Unternehmen musste dies schmerzhaft lernen: Mit zunehmendem Wachstum dominieren ausdifferenzierte Regeln und nicht mehr die Wünsche und Vorstellungen einzelner Personen. Auch der Beratergruppe Neuwaldegg ging es nach ihrer Gründung so, wie wir weiter oben im Beispiel illustriert haben.

Der Gedanke, Personen nicht als Teil von Organisation zu sehen, weckt Unbehagen, erscheint unnatürlich und ist (anfangs) schwer zu fassen. Das liegt wohl auch daran, dass wir uns heute stark mit »unseren« Organisationen identifizieren: Wir stellen uns im privaten Kreis als Mitglied »unserer« Organisation vor oder verteidigen »unsere« Organisation gegen Kritik. Es scheint ein wenig wie die moderne Antwort auf die Frage »Von wem bist du?«, die im ländlichen Milieu einst den Hof oder die Herkunftsfamilie ermitteln wollte. Vielleicht haben wir auch das Gefühl, die Organisation zu brauchen, die für den Einzelnen mitunter zum Mittel wird, sich als Bestandteil von etwas Größerem zu empfinden. Allerdings braucht die Organisation uns (so) nicht.

Die Annahme, dass Menschen Teil der Organisation sind, lässt sich bei genauerem Hinsehen nicht halten: Keine Organisation will den *ganzen* Menschen. Keine Organisation will ihre Mitarbeiter mit all ihren Wünschen, Sorgen und gesundheitlichen Problemen, Hobbys und Eigenheiten. Jede Organisation würde unter dieser Last im Chaos versinken und zusammenbrechen. Vielmehr schützen sich Organisationen vor diesen allzu menschlichen Seiten. Manche unterbinden sogar Geburtstagsfeiern in den Büros oder die Zugriffe auf bestimmte Internetseiten. Umgekehrt will der Einzelne auch, dass Privates privat bleibt und nicht alles in die Organisation getragen wird. Dienst ist Dienst und Schnaps ist Schnaps!

Nicht einmal die Vorstellung, dass Organisationen von den gewünschten beruflichen Anteilen bestimmter Menschen gebildet werden, ergibt ein tragfähiges Bild: Wenn Organisationen aus Personen bestehen könnten, müssten konsequenterweise die intelligentesten Organisationen wohl jene mit den klügsten Menschen sein. So müssten Institutionen wie Universitäten oder Unternehmensbereiche, deren Mitarbeiter den höchsten IQ haben, die intelligentesten Organisationen stellen. In der Praxis ist das nicht immer so, wie man selber leicht feststellen kann.

All das bedeutet nun nicht, dass Organisationen ohne Menschen existieren könnten. Ganz im Gegenteil: Organisationen brauchen Menschen. Doch das Verhältnis zwischen Individuum und Organisation ist anders zu denken, als man dies landläufig macht. Menschen stellen Organisationen ihre Wahrnehmungen, Handlungen und ihr Gedächtnis zur Verfügung. Organisationen können nicht riechen, schmecken, denken, sich selbst beobachten oder sich ohne menschliche Hilfe erinnern. Mit diesem gedanklichen Modell mutet es besonders seltsam an, wenn wir im allgemeinen Sprachgebrauch so tun, als ob Organisationen Subjekte wären: »Da musste Siemens reagieren …«. Organisationen sind mit ihren Mitarbeitern eng verbunden, so wie Unternehmen mit wichtigen Kunden eng verbunden sind. Sie bilden als Systemumwelt eine Einheit, die sich gemeinsam entwickelt.

»Dem Menschen werden so höhere Freiheiten im Verhältnis zu *seiner* Umwelt konzediert, insbesondere Freiheiten zu unvernünftigem und unmoralischem Verhalten. Er ist nicht mehr Maß der Gesellschaft« (Luhmann 1984, S. 289) – und der Organisationen, möchten wir hinzufügen. Den Menschen außerhalb der Organisation zu stellen, ist eine der fundamentalen Annahmen der systemischen Organisationstheorie. Häufig begegnet uns an dieser Stelle in der Praxis folgende Kritik: »Ja, aber das wertet doch die Menschen ab!« Das Gegenteil ist der Fall: In einer systemtheoretischen Betrachtung sind Organisation und Umwelt *gleichrangig*. Ein System gibt es nur in Abgrenzung zu seiner Umwelt, so wie in unserem Beispiel von der Gründung der Beratergruppe Neuwaldegg (siehe Kapitel 1.1). Sie existiert nur in Abgrenzung zu dem, was sie *nicht* ist, beispielsweise ein anderes Beratungsunternehmen mit anderen Ansätzen. Wie alle anderen Organisationen besteht auch die Beratergruppe Neuwaldegg nicht aus ihren spezifischen Mitgliedern, nicht einmal aus jenen, die die Firma aufgebaut haben. Wäre das so, würde es das

Unternehmen nicht mehr geben, denn einige der Gründungsmitglieder sind nicht mehr dabei, während neue Gesellschafter dazugekommen sind. Organisationen brauchen Menschen als Teil ihrer Umwelt, aber sie bestehen nicht aus ihnen. Menschen erfüllen in der Organisation eine bestimmte Funktion. Kein System ohne Umwelt, keine Organisation ohne Menschen!

Den Fokus auf Entscheidungen, statt auf Menschen zu legen, führt zu einer massiven Entlastung von Zuschreibungen an Personen. Es liefert Alternativen zu dem, was wir als Steinzeitreflex bezeichnen würden (die Psychologen nennen dies den fundamentalen Attributionsfehler), wo vor allem Misserfolge (aber auch Erfolge) primär einzelnen Personen, ihren Eigenschaften und Verhaltensweisen zugeschrieben werden. Die Suche nach Schuldigen oder Sündenböcken weicht einer ganzheitlicheren Betrachtung von Entscheidungsprämissen, zu der wir in Kapitel 3 noch kommen werden.

1.4 Die Organisation und ihre Umwelt

Eine Organisation kann man nur verstehen, wenn man ihre Umwelten mit in den Blick nimmt. Jede Organisation (jedes soziale System) ist in eine Umwelt eingebettet. Sie existiert nur in der Relation und damit in der Abgrenzung zu dieser Umwelt. Da sich die Umwelten ständig verändern, muss auch diese Abgrenzung laufend vorgenommen werden. Die Abgrenzung ist nichts Stabiles. »Systeme müssen [...] als Identitäten begriffen werden, die sich in einer komplexen und veränderlichen Umwelt durch Stabilisierung einer Innen-Außen-Differenz erhalten« (Luhmann 1973, S. 175). Die Identität einer Organisation beschreibt das Zusammenspiel ihrer Umwelten, inneren Strukturen und ihrem Sinn (vgl. Abb. 2).

Genau genommen geht es für die Organisation um »relevante Umwelten«. Denn nicht alle Bereiche der Umwelt sind für ein System gleichermaßen bedeutsam. Für eine Non-Profit-Organisation, die sich in gesellschaftspolitischen Fragestellungen engagiert, sind Politik und Gesellschaft von größerer Bedeutung als für eine kleine Würstelbude mit drei Mitarbeitern. Für ein börsennotiertes Unternehmen ist der Aktienmarkt eine relevante Umwelt, während dies für einen reinen Familienbetrieb wenig Bedeutung hat und am ehesten in der Veranlagung von eigenem Vermögen wichtig wird. Zu den relevanten Umwelten gehören auch Kunden, Lieferanten, Behörden, Banken, Mitbewerber, Eigentümer und viele andere. In den letzten Jahren hat sich dafür der Begriff »Stakeholder« eingebürgert. In einer systemischen Stakeholder-Betrachtung sind auch die Mitarbeiter relevante Umwelt.

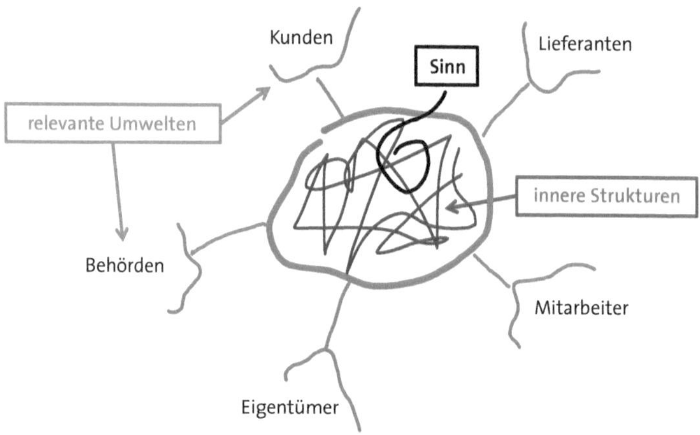

Abb. 2: Identitätsmodell einer Organisation in Relation und Abgrenzung zur ihren Umwelten (in Anlehnung an Exner 1992, S. 192 f.)

Erst die spezifische Umwelt einer Organisation macht deutlich, welche inneren Strukturen in diesem Kontext für die Organisation funktional sind. Innere Strukturen – wie die Organisation aufgebaut ist, welche Strategien sie verfolgt und welche Personen in welchen Funktionen tätig sind – und damit die Kommunikationen richten sich auch danach, was durch die Wechselwirkung mit den relevanten Umwelten nötig wird. So mussten sich Organisationen in den letzten Jahrzehnten vermehrt mit Themen wie Umweltschutz, Nachhaltigkeit, Qualitätssicherung, Gesundheit, Arbeitsplatzsicherheit etc. auseinandersetzen. Um dem in der Organisation gerecht zu werden, wurden unterschiedliche Funktionen, Strukturen oder Prozesse ausgebildet .

Da eine Organisation nicht alles verarbeiten kann, was sich in den Umwelten abspielt, muss sie auswählen. Wie sie diese Auswahl trifft, steuert der Sinn (siehe Kap. 7.2.5). »Sinn kann sowohl in Weltbildern, Werten, Normen, Rollen etc. ›eingefroren‹ sein, als auch in laufenden Interaktionen produziert oder ausgehandelt werden« (Willke 1999, S. 148). Sinn ist immer organisationsspezifisch. Er ist notwendig, um zu unterscheiden, welche Kommunikation zu einem System gehört und welche nicht. An einem einfachen Beispiel wird das deutlich. Bei einem Flirt zwischen einer Frau und einem Mann ergeben Komplimente, schüchternes Lachen, die Einladung zu einem Drink etc. Sinn. Sinnlos wären z. B. wechselseitige Beschimpfungen, Desinteresse, Zeitung lesen, Mails auf dem Handy checken etc.

Aus dem Zusammenspiel von relevanten Umwelten, inneren Strukturen und Sinn entsteht die Identität einer Organisation. Wenngleich die Identität jeder Organisation einzigartig ist – McDonalds ist nicht Burger King, Lufthansa nicht AirBerlin – lassen sich doch bestimmte Gemeinsamkeiten in Form von Archetypen von Organisationen beschreiben.

In Tab. 1 sind diese Archetypen von Organisationen zusammengefasst.

Archetyp	**Beispiel**
Profit-basiertes System	Börsennotiertes Unternehmen
Macht-basiertes System	Interessensvertretung
Werte-basiertes System	Verein, »Social Profit«-Organisation
Regel- und **Verfahrens**-basiertes System	Öffentliche Verwaltung
Wissens-basiertes Expertensystem	Forschungsinstitut, Universität
Beziehungs-basiertes System	Pflege-, Sozialeinrichtungen

Tab. 1: Archetypen von Organisationen

Die Archetypen stellen das Überleben der Organisation in ihrer besonderen Umwelt sicher. Der Archetyp liefert Hinweise, welche Kommunikationen die Organisation verarbeitet und was von ihr daher erwartet werden kann. So ist alles, was profitbasierten Systemen Geld bringt, in ihrer Eigenlogik sinnvoll. Es ist unwahrscheinlich, dass börsennotierte Unternehmen beispielsweise in Produkte investieren, die möglichst lange halten und nicht auf Gewinn ausgerichtet sind. Nur, was Geld bringen kann, ist relevant. Ebenso unwahrscheinlich ist, dass Interessensvertretungen auf die Möglichkeit der Einflussnahme verzichten, weil es ethisch sinnvoll erscheint. Das Gleiche gilt für machtbasierte Systeme, wobei die Währung hier Macht ist: Alle Umwelten, die das Potenzial haben, die Macht auszubauen oder einzuschränken, werden als relevante Umwelten im Auge behalten. Der Rest wird ausgefiltert. Jeder der Archetypen hat seine eigene »Währung«. Diese kann Geld, Wissen, Macht, Beziehung etc. sein. Erst, wenn man die Währung kennt, versteht man, wie diese Systeme ticken: was für sie Sinn ergibt und was nicht. Wenngleich Organisationen in unterschiedlichen Teilen häufig verschiedene Archetypen ausbilden, ist immer ein Archetyp dominant.

1.5 Organisationen als Entscheidungssysteme

Wenn es nicht die Mitarbeiter sind, die eine Organisation ausmachen, woraus besteht dann eine Organisation? Sie besteht aus ihren Kommunikationsmustern, einem unendlichen Fluss von Entscheidungen. Während Personen kommen und gehen, gilt: Solange Organisationen entscheiden, existieren sie. Sobald sie aufhören zu entscheiden, sind sie tot (Luhmann 1984, S. 193 ff.). Jede lebendige Organisation muss entscheiden. Ab der Gründung einer Firma oder eines Vereins muss über Ein- und Auszahlungen, Umgang mit Mitgliedern, Terminen etc. entschieden werden. Entscheidungen erneuern laufend die Grenze zwischen Organisation und Umwelt, die jedes System braucht. Verschwimmt diese Grenze, löst sich die Organisation auf. Dies kann man bei der Übernahme eines Unternehmens durch ein anderes gut beobachten. Wenn nicht mehr eigenständig entschieden wird, fällt die Systemgrenze weg, und das übernommene Unternehmen ist geschluckt – und nur noch Geschichte. Eine Insolvenz und die Bestellung eines Masseverwalters können deshalb mit dem Koma eines Patienten verglichen werden. Daher sind Organisationen so bedacht darauf zu zeigen, dass sie besonders in Krisensituationen handlungsfähig – also entscheidungsfähig – bleiben. Bei einem plötzlichen Ausscheiden von zentralen Personen oder einer existenziellen Krise muss die Organisation symbolisch zeigen, dass sie handlungsfähig ist. Zwei Beispiele dazu:

In der Finanzkrise etabliert eine Bank ein Krisen-Board, das sich aus Top-Führungskräften unterschiedlicher Ebenen zusammensetzt, sich täglich morgens trifft und schnelle Entscheidungen fällen kann. *Oder:* Unmittelbar nach dem Flugzeugabsturz des Firmengründers tritt der Nachfolger (der sich darauf nicht vorbereiten konnte) an die Öffentlichkeit und thematisiert den Verlust und gleichzeitig den Weg nach vorne.

Basiselement von Organisationen ist die einzelne Entscheidung, dabei müssen Entscheidungen auf Entscheidungen folgen. Organisationen bestehen aus einer endlosen Kette von Entscheidungen, die unmöglich zu dokumentieren oder auch nur wahrzunehmen ist. Würde bei jeder Entscheidung, die in einer Organisation getroffen wird, ein der Bedeutung entsprechendes größeres oder kleineres Licht aufleuchten, könnte man die wunderbarsten Lichtermeere beobachten. Es ließe sich allerdings nicht erkennen, warum welches Licht wann aufleuchtet und welches auf welches folgt.

So kann ein Mitarbeiter sich entscheiden, das Telefon auch außerhalb der Dienstzeit abzuheben und einen Kunden zu überraschen; oder ein Staplerfahrer kann das ungewohnte Geräusch des Staplers der Instandhaltung melden oder nicht. All dies sind Entscheidungen, die Folgen haben können.

Doch was sind Entscheidungen? Entscheidungen sind Festlegungen, an die sich eine Organisation (eine Zeit lang) hält und die als Basis für weitere Entscheidungen dienen. Das gilt für die ganz kleinen Entscheidungen wie in den Beispielen weiter oben ebenso wie für die ganz großen:

> Wenn sich ein Unternehmen entscheidet, in Russland zu investieren, dann trifft es damit eine Festlegung, an der sich weitere Entscheidungen orientieren. Wer setzt diese Investition um, wo wird gebaut oder wird gemietet, welche staatlichen Unterstützungen können genutzt werden etc.?

An diesem Beispiel wird deutlich, dass Entscheidungen – als spezifische Form der Kommunikation – Handlungen koordinieren. Entscheidungen werden wie Fakten behandelt, die

- die Funktion haben, Unsicherheit in der Organisation zu reduzieren – »Unsicherheitsabsorption« (siehe March a. Simon 1958), ganz nach dem Motto: Wir gehen jetzt nach Russland und damit Ende der Diskussion!
- das Treffen weiterer Entscheidungen möglich machen und im Verlauf des weiteren Entscheidungsprozesses die ursprüngliche Unsicherheit und die verworfenen Alternativen vergessen lassen,
- sodass nur noch darauf zu achten ist, *dass* entschieden wird, und dass als unnötiger Ballast außer Acht gelassen werden kann, *wie* die Entscheidungen zustande gekommen sind.

Die Entscheidung setzt also Fakten, anstatt Alternativen offen zu halten: Statt in Russland hätte das Unternehmen auch nach Indien expandieren oder das Invest-Kapital auf der Bank rückstellen können.

»Das ist der Unterschied zwischen einer als Entscheidung formulierten Kommunikation und sonstiger Kommunikation: Die Entscheidung liefert nur Gewissheiten, die Kommunikation immer beides, Gewissheit und Ungewissheit« (Baecker 2003, S. 35).

1.6 Fazit

Organisationen sind ein Kontext, in dem Management stattfindet. Daher ist wichtig zu klären, was Organisationen sind. Karl E. Weick, emeritierter Professor für Organisationsverhalten und Organisationspsychologie an der University of Michigan, schlägt vor, anstelle von »Organisation« von »Organisieren« und dem »Prozess der Organisation« zu sprechen.

> »Das Wort *Organisation* ist ein Substantiv, und es ist außerdem ein Mythos. Wenn Sie nach einer Organisation suchen, werden Sie sie nicht finden. Was Sie finden werden, ist, dass miteinander verbundene Ereignisse vorliegen, die durch Betonwände hindurchsickern.« (Weick 1985, S. 129)

Diese Ereignisse sind der ständige Fluss der Entscheidungen einer Organisation. Und so wie man nie zweimal in denselben Fluss steigt, kann man auch nie zweimal in dasselbe Unternehmen arbeiten gehen (ebda. S. 64).

Mit der »systemischen Brille« definieren wir Organisationen anhand folgender Charakteristika:

- Organisationen bestehen aus Entscheidungen.
- Solange Organisationen entscheiden, existieren sie.
- Entscheidungen halten die Grenze zwischen System und seiner Umwelt aufrecht und damit die Organisation am Leben.
- Ein System und seine spezifische Umwelt sind untrennbar miteinander verbunden. Es gibt kein System ohne Umwelt.
- Menschen sind nicht Teil der Organisation, sondern Teil der Umwelt der Organisation.
- Menschen stellen einer Organisation ihre Wahrnehmungsfähigkeiten zur Verfügung und sind Träger von Handlungen.

2 Management anders gedacht

All das wirft die Frage auf, wer oder was den Fluss der Kommunikation und Entscheidungen in einer Organisation steuert – und wie. Wie wird sichergestellt, dass das »Lichtermeer an Entscheidungen« zu brauchbaren Ergebnissen führt und nicht das totale Chaos ausbricht? Der geniale CEO? Die klassische Hierarchie, die Entscheidungen nach oben eskaliert? Sorgsam abgestimmte Jahresplanungen? In der Praxis lässt sich beobachten, wie diese Konzepte nach und nach an ihre Grenzen stoßen. Damit kommen wir zu einer sehr zentralen aktuellen Fragestellung: Wie und was hilft, eine Organisation – und damit ihre Entscheidungen – in einem komplexen Umfeld zu steuern? Organisationen sind soziale Systeme. Organisationen zu verstehen, ist für Manager von zentraler Bedeutung. Denn Management und Organisation gehören untrennbar zusammen: kein Management ohne Organisation, und keine Organisation ohne Management. Das zeigt die geschichtliche Entwicklung der beiden Begriffe deutlich (siehe dazu Kap. 5.1). Management braucht »Organisation«, um wirksam zu werden, und Organisationen brauchen Management als treibende Kraft. Man kann das eine ohne das andere nicht denken.

2.1 *Management in der kopernikanischen Wende*

Entscheidungen zu treffen, so könnte man meinen, ist *die* Aufgabe des Managements. Dabei wird die Rolle des Managements für die Organisation oft mit der eines Gehirns für den Körper verglichen. Unterstellt wird dabei eine Arbeitsteilung zwischen dem ausführenden Körper und dem Gehirn, das entscheidet und lenkt. Doch diese Vorstellung ist sowohl im Management als auch in der Hirnforschung irreführend. In der Hirnforschung werden heute die Rolle und die Funktionsweise des Gehirns anders gesehen.

Lange Zeit wurde das Gehirn von den Neurowissenschaften als Schaltzentrale des Menschen angesehen. Dabei dachte man hierarchisch: Die Sinnesorgane bereiten die eingehenden Daten auf und leiten sie an die nächsthöhere Ebene weiter. Am Ende der Hierarchie steht der Neokortex (Bewusstsein). Im Gehirn – so die Annahme – funktioniert der Neokortex wie eine neutrale Entscheidungszentrale. Die Impulse werden verarbeitet und als Anweisungen an die Organe des Körpers zurückgegeben: zum Beispiel bei einem Ballspiel die Hand auszufahren. In diesem Modell dachte man wie bei einem Computer in linearen Prozessen. Heute wissen wir, dass das Gehirn mit sehr vielen Rückkopplungsschleifen arbeitet und höhere Ebenen mit niedrigeren kommunizieren müssen, bevor bestimmte Impulse angelangt sind. Anderenfalls könnten wir einen Ball gar nicht fangen, denn wir benötigen mehrere Zehntelsekunden zwischen dem Eintreffen des Lichts auf der Netzhaut des Auges und der Ausführung durch die Handmuskeln. Unsere Hand würde ins Leere greifen. Nur durch die in unserem Gehirn gespeicherten Erfahrungen sind wir in der Lage, über die Sinneseindrücke hinausgehende Vorhersagen zu treffen, wie wir den Ball fangen können. Dies ist auch ein Grund, warum Profisportler (Standard-)Situationen Hunderte Male trainieren müssen. Unsere Wahrnehmung und das Gehirn bilden also keinen hierarchischen Apparat, den Sinnesdaten nacheinander durchlaufen. »Das Gehirn ist vielmehr ein weitgehend abgeschlossenes System, das sich vor allem aus seinen eigenen Aktivitäten speist« (Eagleman 2012, S. 57).

Doch um dorthin zu gelangen, musste die Hirnforschung einen Durchbruch erreichen, der in seinem Ausmaß mit der kopernikanischen Wende, dem Wechsel vom geo- zum heliozentrischen Weltbild, vergleichbar ist. 1610 gelang dem italienischen Wissenschaftler Galileo Galilei durch die Entdeckung der Jupitermonde der Beweis, dass die Erde nicht der Mittelpunkt des Universums ist. Er belegte damit empirisch die Theorie, die der Astronom Nikolaus Kopernikus 100 Jahre zuvor entwickelt hatte, und stellte dadurch das gängige Weltbild auf den Kopf. Ähnlich wurde das Gehirn lange Zeit als Zentrum des Menschen gesehen.

> »[…] in den vergangenen hundert Jahren hat die Neurowissenschaft bewiesen, dass das Bewusstsein nicht am Steuer sitzt […] unsere Gedanken werden von einem Apparat erzeugt, zu dem wir keinen bewussten Zugang haben und der vermutlich entstanden ist, um uns für unser Verhalten relevante Geschichten zu erzählen.« (Eagleman 2012, S. 226)

Die moderne Hirnforschung hat demnach herausgefunden, dass die Zusammenhänge zwischen bewussten Entscheidungen im Gehirn, der Rolle des Unterbewusstseins und unseren Sinneswahrnehmungen wesentlich komplexer sind, als ursprünglich angenommen. Ein Großteil unserer Entscheidungen wird getroffen, noch bevor sie ins Bewusstsein gelangen. Wir stellen die Behauptung auf, dass sich auch »Management« gewissermaßen in einer kopernikanischen Wende befindet: Management und Manager werden nicht mehr als Zentrum der (komplexen) Organisation gesehen. Management wird zur Beobachtungsinstanz.

Der gedankliche Rauswurf des Managements aus der Schaltzentrale ist ein Gewinn. Denn wenn wir Management nicht mehr als »Bewusstsein« der Organisation betrachten, das autonom steuern kann, können wir die vielfältigen Wechselwirkungen erkennen, denen Manager unterliegen. Management ist ein Konstrukt der Organisation, das eine nützliche Funktion für die Zwecke der Organisation erfüllt. Der Großteil der Entscheidungen einer Organisation wird niemals auf der Ebene des (bewussten) Managements getroffen. Die Mehrzahl der den konkreten, alltäglichen Handlungen zugrunde liegenden Entscheidungen wird von Personen wie der Telefonistin, dem Verkäufer, dem Produktionsassistenten etc. getroffen, ohne dass das Management davon erfährt. Auch im Körper gelangen unzählige Steuerungsimpulse wie etwa die Atmung, der Kreislauf, die Körpertemperatur etc. selten ins Bewusstsein. Müssten alle diese Impulse im Neokortex verarbeitet werden, würde das Bewusstsein zusammenbrechen. Selbststeuerung wird überlebensnotwendig. Für Organisationen und ihr Management gilt das ebenso.

2.2 Der Polizist als Konstruktivist

Die Neurowissenschaften haben gezeigt, dass unser bewusstes Ich kaum Einfluss auf die »Realität« hat, die uns das Gehirn präsentiert. Das gilt selbst für scheinbar objektive Sinneswahrnehmungen wie das Sehen. Selbst wenn unterschiedliche Personen dasselbe Objekt anschauen, erkennen sie darin sehr wahrscheinlich völlig unterschiedliche Bedeutungen. Was wir sehen, ist nicht unbedingt das, was wir *darin* sehen. Sehen ist ein Konstrukt des Gehirns, das eine für uns nachvollziehbare, nützliche Geschichte erzählt. Die nachfolgende Anekdote verdeutlicht das.

An einem trüben Samstagnachmittag in Wien war eine Familie mit zwei Kleinkindern auf einem Geburtstagsfest eingeladen. Das Buffet lockte mit allerlei Köstlichkeiten, unter anderem »Zwetschgen in Rum«, die vom Vater der Familie ausgiebig verkostet wurden. Da die Kinder im Laufe der Feier aus unerklärlichen Gründen immer lauter und verhaltensauffälliger wurden, entschied die Familie, das Fest früher als eigentlich geplant zu verlassen. Auf dem Nachhauseweg im Auto – der Vater saß am Steuer – gerieten sie in eine Verkehrskontrolle. Der ältere Polizist ersuchte den Vater, für einen Alkoholtest ins Röhrchen zu blasen. Als dieses sich gerade verfärbte, forderte der fünfjährige Sohn lautstark ein, auch ins Röhrchen blasen zu dürfen. Der gutmütige Polizist willigte ein. Völlig unerwartet verfärbte sich das Röhrchen auch, als der Bub hineinblies. Etwas irritiert verglich der Polizist die beiden Röhrchen. Kurz darauf entschuldigte er sich beim Vater mit den Worten »... diese Dinger funktionieren schon wieder mal nicht« und wünschte eine gute Heimfahrt. Zwei Minuten später fiel der Bub in einen Tiefschlaf, der vermutlich durch Zwetschgen in Rum bedingt war ...

Für den Polizisten war es offensichtlich undenkbar, dass ein Fünfjähriger alkoholisiert ist. Daher konnten nur die Röhrchen fehlerhaft sein. Unsere Annahmen prägen das, was wir wahrnehmen und für wahr halten – und alle unsere Entscheidungen und Handlungen.

Die Geschichte vom Polizisten verdeutlicht eine Grundannahme, von der wir im Weiteren ausgehen. In der sozialen Realität gibt es keine objektive, das heißt vom Beobachter unabhängige, Wirklichkeit. Die Wahrheit ist das Konstrukt eines Beobachters (zur Erkenntnistheorie des Konstruktivismus siehe Simon 2011). Im Umkehrschluss ist nicht relevant, was nicht wahrgenommen wird. Heinz von Foerster, einer der Väter des Konstruktivismus, formuliert: »Wahrheit ist die Erfindung eines Lügners«, und stellt dazu folgende Frage: Macht ein Baum Lärm, wenn er in einem Wald umfällt, in dem niemand ist?

> »Ein Physiker würde sagen: ›Der Baum macht Lärm. Natürlich! Er stürzt um, erzeugt Schwingungen, die Luft vibriert etc. etc.‹ Ein anderer würde sagen: ›Das Wort Lärm hat nur dann eine Bedeutung, wenn jemand da ist, der sagt: »Ich höre es.« Also es entsteht kein Lärm, wenn niemand da ist.‹ Das Interessante ist: Ob du sagst, der Baum macht Lärm oder nicht, hat nichts mit dem Baum und dem Umfallen zu tun, sondern es hat mit dir oder mit mir zu tun. Das heißt, ich entscheide mich dafür, ob er Lärm macht oder nicht. Ich ziehe es vor, er macht keinen Lärm.« (von Foerster u. Bröcker 2007, S. 38 f.)

Auch wir haben uns in diesem Buch entschieden, dass der Baum keinen Lärm macht. Oder anders ausgedrückt: Es ist irrelevant, ob der Baum Lärm macht, wenn es niemand hört. Das bedeutet aber keinesfalls, dass der Physiker nicht auch recht hätte. Wir halten jedoch die Annahme einer subjektiv konstruierten Wirklichkeit (zur Organisation, Situation, Person etc.) für ein Verständnis von Organisation und Management für hilfreicher. Diese Annahme ermöglicht, unterschiedliche Wahrheiten nebeneinanderstehen zu lassen und mit ihnen zu arbeiten. Zudem eröffnet sie mehr Handlungsoptionen, weil man nicht bei der Suche nach der *einen* richtigen Lösung hängen bleibt. Es könnte eben so oder gleichzeitig auch ganz anders (richtig) sein. Um auf den Polizisten zurückzukommen: Wir werden nie sicher wissen, ob nicht vielleicht doch der Alkoholtester eine Störung hatte (vgl. Abb. 3).

2.3 Instrument der dynamischen Steuerung: Neuwaldegger Schleife

Management muss, wie der Polizist, auf Basis von Informationen Entscheidungen treffen.

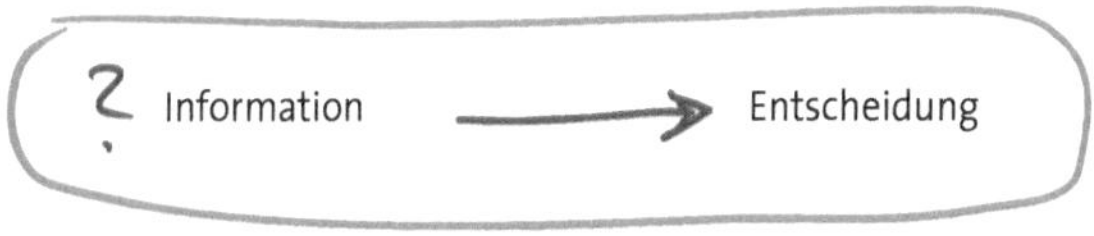

Abb. 3: Linearer Entscheidungsprozess

Wie am Beispiel des Polizisten deutlich wird, sind Entscheidungen, die einer einfachen Wenn-dann-Logik folgen, oft nicht angemessen. Der Großteil der Entscheidungen, die wir unbewusst treffen, basiert jedoch wie bei einem Autopiloten auf solchen Logiken. Die Herausforderung, insbesondere für wirksames Management, besteht in der Unterscheidung, was im »Autopilot-Modus« erfolgen kann und wo es des Nachdenkens über bestehende Aktion-Reaktions-Muster bedarf. Dafür braucht es ein Innehalten. Was wäre passiert, wenn der Polizist kurz überlegt hätte, was noch zu diesem Ergebnis von zwei verfärbten Röhrchen führen könnte?

Erst wenn man erkennt, dass es mehrere Möglichkeiten gibt, kann man sich entscheiden. Dies gilt im Kleinen, also in einem Gespräch – wie reagiere ich auf diesen blöden Witz? –, genauso wie im Großen, wo es um bedeutsame Weichenstellungen geht. Die Entscheidung selbst ist ein Prozess mit vier einzelnen Schritten, die sich in einer Schleife verbinden lassen. In einem einfachen Gespräch zwischen zwei Personen geht dies so: Während der eine erzählt, hört der andere zu (nimmt die Informationen auf). Bei guten, tiefen Gesprächen folgt dann eine Phase des Nachdenkens (Hypothesen bilden). Dann entscheidet der Zuhörer, wie er fortsetzt (Stoßrichtung), bevor er spricht (Intervention). Dadurch unterscheiden die Gesprächspartner bewusst Aktion und Reflexion. In unbefriedigenden Gesprächen verschwimmt diese Trennung. Es wird schlecht zugehört und währenddessen schon die eigene Aussage vorbereitet. Im Großen vollzieht sich der Kommunikationsprozess genauso und ist bei wichtigen Entscheidungen und in Situationen der Veränderung noch bedeutsamer. Es gilt, Informationen sorgfältig aufzunehmen, sie zu interpretieren und in einen Zusammenhang zu stellen, bevor man sich überlegt, welche Optionen es gibt, fortzufahren und dann zu handeln. Diese vier Schritte durchläuft eine Entscheidung nicht nur einmal.

Für Management bedeutet das Verständnis, Entscheidungen als einen Prozess zu sehen, eine Loslösung von dem Druck, *nur* die »richtigen« Entscheidungen zu treffen. Es geht nicht um richtig oder falsch, sondern darum, möglichst rasch die Auswirkungen einer Entscheidung zu beobachten. Damit kann man die eigenen Annahmen überprüfen – und dabei lernen, wie die Organisation tickt –, bevor neue Entscheidungen getroffen werden. In den Anfangstagen von Neuwaldegg dachten wir als Berater, wir müssten die *eine* geniale Idee haben, und stürzten uns in wilde Interventionen. Doch dann haben wir gelernt, dass nicht die geniale Intervention ein System aus einer problematischen Situation zur stabilen Lösung führt, sondern dass dies normalerweise ein Prozess ist, der immer wieder diese vier Schritte durchläuft. So entstand das Bild der Schleife, die selbst wiederum in einer Kette von Schleifen hängt. Dieses Modell der »Neuwaldegger Schleife« (vgl. Abb. 4) hat sich in der Praxis sehr bewährt.

Der Ex-Lufthansa-Vorstand Thomas Sattelberger beschreibt das – wohl ohne das Modell zu kennen – so:

> »In solchen Situationen die Wagenburg zu schließen, habe ich in meinem Berufsleben häufig genug erlebt. Und zwar nicht nur als Opfer, sondern durchaus auch als Täter. Ich habe nur zweimal etwas anderes erlebt, und zwar nach dem 11. September 2001. Dem gesamten Passagevorstand der Lufthansa war nach diesem Ereignis überhaupt nicht klar, wie es weitergehen soll. Das waren erratische Einbrüche – an einem Tag waren die Passagierzahlen komplett unten, am nächsten Tag dann wieder oben. Wir hatten maximale Unsicherheit, und zwar zusätzlich eingebettet in die strukturelle Krise durch die ›low cost airlines‹. Der Vorstandsvorsitzende hat uns zu dieser Zeit mehrmals zu Klausurtagungen zusammengeholt und hat

uns vor allem Fragen gestellt. Es ging darum, unterschiedliche Perspektiven aufzumachen und alternative Optionen in der Diskussion durchzuspielen.« (Sattelberger, Krusche u. Baecker 2013, S. 81)

Das Modell der »Neuwaldegger Schleife« ist eine Gedankenbrücke, um aus festgefahrenen Wegen leichter herauszukommen, vorübergehend auf Distanz zu den eigenen Auffassungen zu gehen und auf neue Ideen zu kommen. In die »Neuwaldegger Schleife« kann man mit einer beliebigen Frage einsteigen, die einen Entscheidungsbedarf aufwirft. Häufig ist die Frage am Anfang noch nicht ganz klar. So kann die Schleife auch dazu dienen, die Frage – oder das, was als Problem gesehen wird – zu schärfen und Klarheit über die eigentliche Problemstellung zu bekommen.

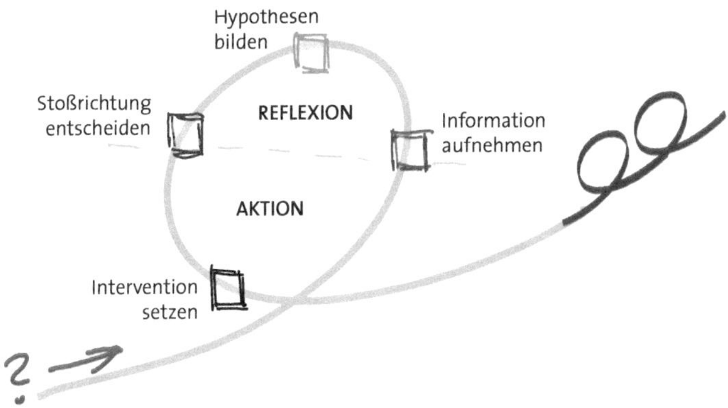

Abb. 4: Die Neuwaldegger Schleife (in Anlehnung an Königswieser u. Exner 1998)

2.3.1 Information aufnehmen

An sich ist es doch ein ganz simpler Vorgang: Informationen aufnehmen, darüber nachdenken, sich zum Sprechen vorbereiten und dann selber sprechen. Es braucht dazu nur einen Sender und einen Empfänger, und wenn beide sich an diesen Ablauf halten, kann eigentlich nichts schiefgehen. Dennoch gelingt Kommunikation selbst in dieser einfachen Konstellation mit je einem

Sender und Empfänger häufig nicht. Warum? Aus systemischer Sicht ist das Sender-Empfänger-Modell, das auf der Informationstheorie der US-amerikanischen Mathematiker Claude Shannon und Warren Weaver (Shannon a. Weaver 1949) beruht, eine unangemessene Vereinfachung. Zum besseren Verständnis lohnt sich ein Blick in die Entstehungsgeschichte dieses Modells. Es wurde während des Zweiten Weltkriegs entwickelt, als Kommandosprache vorherrschte und ein Befehl keiner Interpretation bedurfte. In der Kommandosprache wissen alle genau, was damit gemeint ist. »Stillgestanden« und der Soldat weiß, was zu tun ist. Aussage ist gleich Information – und zwar für alle (Soldaten) die gleiche Information (von Foerster u. Bröcker 2007, S. 345 f.). Um ein Heer von Soldaten zu koordinieren, braucht es diese Gleichsetzung und Vereinfachung. Doch damit es funktionieren kann, müssen viele Dinge gegeben sein: ein einfacher Sprachcode, klare Kommandoketten, tausendfaches Wiederholen und Trainieren etc.

»Eine Information ist ein Unterschied, der einen Unterschied macht«, sagte der angloamerikanische Anthropologe und Philosoph Gregory Bateson (Bateson 1981, S. 582). Ein Satz, der zum Nachdenken anregt, denn aus systemischer Sicht beginnt die Kommunikation beim Empfänger und nicht beim Sender: »Der Hörer, nicht der Sprecher bestimmt die Bedeutung einer Aussage« (von Foerster u. Bröcker 2007, S. 344). Wenn der Hörer nicht auf Hören stellt, kann der Sender, wie eine Radiostation, senden, was er will. Keiner wird etwas hören, wenn alle Radioapparate abgestellt sind. Eine Führungskraft kann lange Reden halten und selbst klare Botschaften an die Mitarbeiter richten. Das bedeutet allerdings nicht, dass diese auch als Information wahrgenommen werden. Die Botschaft könnte beispielsweise lauten: »Ihr müsst euch keine Sorgen machen, die Krise betrifft uns nicht!« Vielleicht hören die Mitarbeiter der Führungskraft gar nicht zu (»Der hat eh nichts mehr zu sagen« oder »Hat der uns schon jemals die Wahrheit gesagt?«). Vielleicht hören sie der Führungskraft sogar zu, obwohl sich viele Mitarbeiter Sorgen machen und sich anderswo bewerben. Die Mitteilung des Senders und die Information (das, was der Empfänger daraus macht) sind zwei verschiedene Dinge. Wenn der Empfänger der Mitteilung keinen Sinn zuschreibt, bleibt diese unbedeutendes Umweltrauschen – ein Unterschied, der keinen Unterschied macht.

Wirkungsvolle Kommunikation muss diese Unterscheidung berücksichtigen. Sie setzt daher auch nicht an der sprachlichen Optimierung der Aussage an. Der bedeutsamere Ansatzpunkt ist, den Fokus auf den Empfänger zu legen: zu beobachten, was bei ihm ankommt und wie er reagiert, um Annahmen darüber zu treffen, warum diese Reaktion aus Empfängersicht Sinn ergibt. Das heißt, aus einer einfachen Ansprache-Reaktions-Sequenz eine Schleife zu machen und zu beobachten, was angekommen ist. Der Impuls des Managers wird erst dann wirksam, wenn seine Aussage zu einer relevanten Information für die Mitarbeiter wird und sich die nachfolgende Kommunikation darauf bezieht.

Systemisch gesehen dient Kommunikation vorrangig nicht bloß der Verständigung, denn dies wäre viel zu eng und zielt nur auf den inhaltlichen Teil von Kommunikation ab. Der Sinn von Kommunikation ist vielmehr die Anschlusskommunikation, also die Frage, ob und wie es weitergeht. Wirksamkeit entsteht in unserem Beispiel, wenn die Information »die Krise betrifft uns nicht« in den Kommunikationsfluss der Organisation integriert wird. Es folgen dann andere Anschlusskommunikationen als ohne diese Information (z. B. es bewerben sich weniger Mitarbeiter für andere Jobs, oder es gibt weniger Gerüchte über die Lage des Unternehmens). Die Wirksamkeit einer Mitteilung lässt sich nur beurteilen, wenn die Anschlusskommunikation in der Organisation beobachtet wird.

Für Management bedeutet dies viel, denn ohne Kommunikation kann Management nicht wirksam werden. Wenn also Kommunikation beim Empfänger beginnt, kann man sich fragen, wonach sich die Interpretation des Empfängers richtet. Der Empfänger kann sich fragen, ob er überhaupt empfangsbereit ist und nach welchen Kriterien er interpretieren wird. Beim Sender-Empfänger-Modell wird dies ebenso ausgeblendet wie der Prozess, den der Sender durchläuft, bevor ein Signal gesendet werden kann. Der Sender muss aus den vielen Möglichkeiten, die zur Verfügung stehen, jene auswählen, die er senden will: Soll ich über die Krise, den Umsatzrückgang, die Krankheit meiner Kinder oder die Umstellungsprobleme in der EDV sprechen? Kommunikation ist somit ein sehr komplexer Prozess. Es muss viel zusammenpassen, damit er gelingt. Luhmann (1992b, S. 236 ff.) spricht daher auch vom Nicht-Gelingen von Kommunikation als Normalfall (Baecker 2004, S. 125 ff.).

Das Nicht-Gelingen kann man schon in einer einfachen Besprechung erleben. Auch hier wird die Schleife durchlaufen: zuhören (Information aufnehmen), nachdenken (Hypothesen bilden), zum Sprechen vorbereiten (Stoßrichtung entscheiden) und sprechen (intervenieren). An jeder dieser Stellen ist Nicht-Gelingen möglich: statt zuhören bereits die eigene Antwort vorbereiten; kein bewusstes Nachdenken darüber, was und wie es gemeint sein könnte; keine Klarheit, was gesagt und was mit dem Gesagten bewirkt werden soll. Zufriedenstellende Kommunikation kann sich so nicht entwickeln. Schon gar nicht, wenn ein Bypass von der Informationsaufnahme zum Sprechen gelegt wird und das Nachdenken und die Vorbereitung übersprungen werden.

Ein schönes Ritual und Symbol für gelingende Kommunikation entlang der Schleife ist die Übung mit dem »Talking Stick«. Dazu sitzen die Teilnehmer im Kreis, und ein kurzer Stab liegt in ihrer Mitte. Wenn ein Teilnehmer reden möchte, steht er auf, holt sich den Stab, setzt sich wieder hin und spricht mit dem Stab in Händen. Sobald er fertig ist, legt er den Stab wieder in die Mitte. So entstehen manchmal längere Pausen des Schweigens und Nachdenkens, weil niemand unmittelbar den Stab ergreift und es eine Zeit lang dauert, ihn aufzuheben. Außerdem unterstützt es dabei, die kollektive Aufmerksamkeit zu erhalten (und zu beanspruchen), wenn man den Stab in Händen hält.

2.3.2 Hypothesen bilden

Wie wir am Beispiel unseres Polizisten gesehen haben, kommen wir nicht umhin, Hypothesen zu bilden. Wir machen uns einen

Reim auf die Dinge, die um uns herum passieren. Oder wie uns die Hirnforschung zeigt: Wir haben uns den Reim gemacht, bevor die Dinge geschehen (Eagleman 2012, S. 188 ff.). So zeigt einer von vielen Tests, dass wir im blauen Licht rote Tomaten sehen, obwohl sie nicht rot sein können. Wir wissen, dass Tomaten rot sind, und deshalb lässt unser Gehirn uns diese in roter Farbe sehen. Wir erkennen, was wir kennen. Und was wir nicht kennen oder zuordnen können, können wir auch nicht erkennen. Diese Entdeckung stellt die herkömmliche Erkenntnistheorie auf den Kopf: Die äußere Wirklichkeit wird von unserem Wahrnehmungsapparat nicht »fotografiert« und von uns eins zu eins abgebildet, sondern wir erkennen das, wofür wir Begriffe oder Konzepte haben. Begriffe sind wie Brillen mit unterschiedlicher Färbung, mal rosa, mal grau, mal schwarz, durch die wir die Wirklichkeit erfassen. Daraus folgt nicht nur, dass gleiche Gegenstände oder die gleiche soziale Situation (wie der Hafen von Dover oder Calais) unterschiedlich gesehen werden können. Wir besitzen auch die Möglichkeit, unterschiedliche Brillen aufzusetzen. Wir können uns entscheiden, ein und dieselbe Situation mal hoffnungslos, mal hoffnungsvoll zu sehen! Die Entscheidung darüber liegt bei uns und nicht in den Dingen, die wir beobachten. Wir entscheiden, welche Brille wir verwenden wollen und welche Hypothesen in einer Situation hilfreich sind.

Es ist daher wichtig, sich der Allgegenwärtigkeit von eigenen Konzepten und Annahmen bewusst zu sein. Da diese Annahmen vorläufigen Charakter haben, bezeichnen wir sie als Hypothesen. Der Begriff Hypothese stammt aus dem Altgriechischen (*hypóthesis* = »Unterstellung«, »Voraussetzung«, »Grundlage«) und gemeint ist damit eine (noch) unbewiesene Annahme. Sie soll helfen, neue Erkenntnisse zu gewinnen. Hypothesen werden in dem Wissen konstruiert, dass sie vergänglich sind. Sie sollen im systemischen Management allerdings, anders als in der Wissenschaft, nicht auf ihre Richtigkeit überprüft, sondern auf ihre Wirkung hin beobachtet werden.

In der Systemtheorie sind Hypothesen Annahmen über Phänomene und Wirkungszusammenhänge. Wie wir am Beispiel unseres Polizisten sehen konnten, konstruieren sie eine Wirklichkeit. Der Polizist hatte seine Hypothese über den positiven Alkotest eines Fünfjährigen, die sein weiteres Vorgehen bestimmte. Er hätte aber auch eine andere Hypothese bilden und damit sein Bild von der Wirklichkeit erweitern können. Auch die in Kapitel 1.2 beschriebenen Bilder von Organisationen (als Maschinen, als Ansammlung von Menschen, als politische Systeme) sind Hypothesen, die als Grundlage für die Bewertung und die Entscheidungen des Managements dienen.

Der chilenische Neurobiologe und Philosoph Humberto Maturana prägte die Metapher eines Instrumentenfluges (Maturana u. Varela 1984) im dichten Nebel oder im Sturm: Die Instrumente (Hypothesen) liefern viele Hinweise auf eine Realität außerhalb des Flugzeugs. Allerdings bleiben es Hinweise, und es könnte auch ganz anders sein. Trotzdem müssen wir auf Basis dieser Hinweise steuern, uns bleibt keine andere Wahl. Ähnlich bilden wir ständig Hypothesen darüber, wie etwas ist. Wir vergessen nur oft, so wie unser Polizist, dass unsere Annahmen nicht die einzig mögliche Wahrheit beschreiben. Indem wir uns das Hypothesenkonstruieren – von Zeit zu Zeit – bewusstmachen, eröffnen wir uns die Möglichkeit, mehrere Brillen aufzusetzen und das Geschehen aus der Perspektive verschiedener Stakeholder zu betrachten. Damit besteht die Chance auf ein differenzierteres Bild. Erst die Arbeit mit Hypothesen macht aus dem Zuschauer einen Beobachter. Hypothesen sind dabei nichts Stabiles, sie sind fließend – sie bedürfen einer laufenden Überprüfung, Neukonstruktion und schaffen neue Entscheidungsoptionen.

Funktion von Hypothesen

- Sie geben Orientierung in komplexen Situationen.
- Sie unterstützen zirkuläres Denken und laden zum Perspektivwechsel ein.
- Sie helfen, Muster (den eigenen Autopilot) aufzuspüren und Handlungsmöglichkeiten zu erweitern.
- Sie relativieren Deutungsmuster und erleichtern Systemdistanz.

- Sie fördern Selbstreflexion (Warum komme ich auf diese Hypothese? Was hat das mit mir zu tun?).

Hypothesen sind das beste Gegenmittel gegen die weitverbreitete Tendenz der Personalisierung. Komplexe Situationen, besonders wenn sie schwierig sind, werden oft nur auf Personen reduziert. Charaktereigenschaften von Einzelnen dienen dann, wenn etwas schiefgegangen ist, als Erklärung. Diese Art der Erklärung von sozialen Ereignissen ist – dies muss mal klar gesagt werden – wie ein Tunnelblick. Sie missachtet, welche alternativen Erklärungen links und rechts des Weges liegen.

> Der Firmengründer ist zwar zurückgetreten, doch das neue Management meint, er sei noch immer ein Kontrollfreak und habe noch nie loslassen können, und auch jetzt versuche er immer noch, hinter den Kulissen die Fäden zu ziehen. Diese Annahme macht ohnmächtig (»Ich kann hier nichts tun, muss abwarten bis ...«) und lässt keine eigenen Handlungsoptionen offen. Sie übersieht zudem, dass der Kontrollfreak nur *eine* Seite des Gründers ist, dass beim Generationenwechsel Verletzungen passiert sind und/oder die neue Rolle des Gründers nie besprochen worden ist usw. Je nachdem, wie ich mir die Situation erkläre, eröffnen sich unterschiedliche Handlungsoptionen.

In der Praxis fällt es »[...] in der Regel sehr schwer, sich vorzustellen, dass es jenseits der ›realen‹ Personen noch eine andere, kommunikativ konstituierte Realität gibt, festgezurrt in semantischen Mustern, Kommunikationsregeln und spezialisierten Sprachspielen, die zumindest genauso relevant und wirksam für die Organisationsprozesse und ihre Veränderung sind [...]« (Willke 1999, S. 2 f.).

Das Erarbeiten von Hypothesen ist in der Praxis selten einfach. Es erfordert meist einen Ausstieg aus den gängigen Kommunikationsmustern. In gewisser Weise ist ein Ebenenwechsel nötig, der Blick aus der (distanzierteren) Vogelperspektive, bei dem auch die eigenen Rollen und Muster deutlich werden. Manchmal genügt es, die Hypothesen aufzuschreiben und sich der eigenen Wertungen bewusst zu werden. Ein Spaziergang oder ein Ortswechsel bringen häufig schon viel. In sehr festgefahrenen Situationen, in denen die Beteiligten auf ihrer Wahrnehmung als der einzig richtigen beharren, können ein moderierter Workshop oder das Hinzuziehen eines externen Sparringpartners sehr hilfreich sein.

2.3.3 Stoßrichtung entscheiden

Hypothesen dienen dazu, sich ein Bild von der Situation zu machen. Sie führen aber noch nicht zu eindeutigen Handlungen. Dazu braucht es eine Entscheidung. Wenn wir in der Metapher von Maturanas Instrumentenflug bleiben, muss der Pilot auf Basis der Instrumente Annahmen zur Situation bilden. Leuchtet ein Warnsignal auf, muss er dessen Relevanz beurteilen und entscheiden, wie er darauf reagieren will. Für Management bedeutet das, Annahmen über komplexe Wirkungszusammenhänge zu bilden und Steuerungsimpulse abzuleiten, die unter diesen Annahmen Erfolg versprechend scheinen. Im Umgang mit komplexen sozialen Systemen gibt es keine *Gewissheit* über die Wirkung von Steuerungsimpulsen. Steuerungsimpulse, die auf expliziten Hypothesen basieren, haben eine höhere Trefferwahrscheinlichkeit.

Ein innovatives Produkt eines Maschinenbauunternehmens mit neuartiger Technologie war seit mehreren Jahren weit unter den geplanten Absatzzahlen geblieben. Die erste Annahme war, dass sich die meisten Verkäufer nicht mit der Maschine identifizierten, und daher wurde entschieden, nur die besten Verkäufer zu den wichtigsten Kunden zu schicken. Auch diese Maßnahme blieb ohne nachhaltigen Erfolg. Daraufhin entschied der Vorstand, die Situation genauer zu analysieren. In einem Workshop wurde dieses Thema diskutiert und die bestehenden Annahmen wurden hinterfragt. Ergebnis war eine neue Hypothese: Die bestehende Vertriebslogik, die einem Produktverkauf entsprach, sei in diesem Fall nicht passend. Das Produkt könnte nicht nur als Produkt verkauft werden. Es müsste als umfassende Technologie verstanden werden, die beim Kunden (und im eigenen Unternehmen) zu vielen Veränderungen und neuen Fragen führen würde. Erst diese tiefere Auseinandersetzung in den Kundengesprächen verdeutliche den Mehrwert für den Käufer. Dazu brauche es umfassende Kundenkenntnisse und technologisches Verständnis. Der Vorstand setzte daraufhin eine Task-Force, bestehend aus Verkäufern, Anwendungstechnikern und Entwicklern ein, die den gesamten Verkauf verantworteten. Dieses Vorgehen sprengte die Logik der funktionalen Aufbauorganisation. Erst ein sehr bewusstes Hinterfragen der bestehenden Annahmen erlaubte diesen mutigen Schritt.

Die Entscheidung für eine Stoßrichtung ist häufig eine der größten Herausforderungen. Es gibt in hochkomplexen Situationen keine klare Orientierung über richtig oder falsch. Sicherheit oder eine Bestlösung gibt es selten. Für die Ableitung von Stoßrichtungen können folgende Leitfragen hilfreich sein (Willke 1999, S. 209): Wie definiert und wo lokalisiert sich das Problem, um das es geht? Worauf, in welchen Bereich, zielen die Intervention in erster Linie? Daraus lässt sich die Stoßrichtung einer Intervention in einer Matrix (vgl. Abb. 5) verorten.

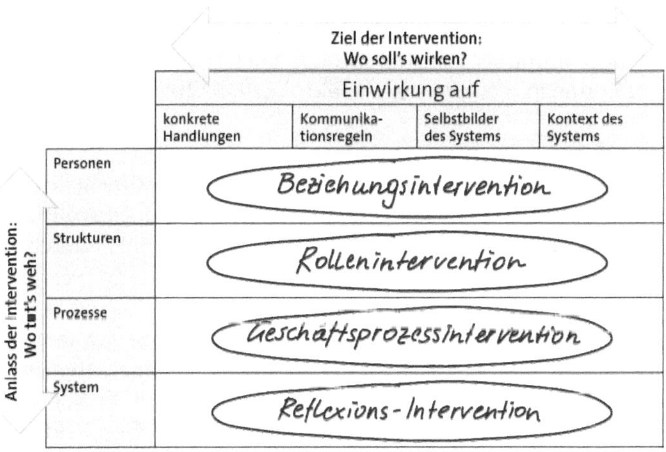

Abb. 5: Interventionsmatrix (in Anlehnung an Willke 1999, S. 211)

Zur Erläuterung können folgende Beispiele für die vier Interventionsarten dienen: Unter einer Beziehungsintervention verstehen wir beispielsweise, wenn ein Vorstandsteam vereinbart, regelmäßig am Ende jeder Besprechung die Art ihrer Zusammenarbeit zu thematisieren. Eine Rollenintervention kann bedeuten, dass festgelegt wird, dass die Leitung des Abteilungs-Jour-Fixe rollierend von allen Teilnehmern wahrgenommen wird. Geschäftsprozessinterventionen zielen auf eine Veränderung der Abläufe, z. B. wenn festgelegt wird, dass alle Rechnungen zuerst im Rechnungswesen und dann von der Fachabteilung geprüft werden. Wenn ein erfolgreicher Vertrieb zu verstehen versucht, warum es kaum gelingt, Neukunden zu gewinnen, und ein Meeting einberuft, um darüber Hypothesen zu bilden, handelt es sich um eine Reflexionsintervention.

Für welche Interventionsform man sich entscheidet, hängt auch davon ab, wie das »Spielfeld« des Managers definiert ist. Welche Annahmen bestimmen, in welchen Bereichen das Management überhaupt wirksam werden kann und wo seine Grenzen liegen? Egal, wofür man sich als Manager letztlich entscheidet, ist eines klar: Jede Entscheidung für eine Stoßrichtung markiert (insbesondere in hochkomplexen undurchsichtigen Situationen) immer nur den Anfang eines Prozesses, dessen Ende vollkommen offen ist (vgl. Willke 1999, S. 209).

2.3.4 Intervention setzen

Der letzte Schritt in der Schleife ist die Intervention selbst. Auf Basis der Annahmen zur Situation wurden zuvor sinnvolle Steuerungsimpulse abgeleitet. Solche Steuerungsimpulse durch das Management bezeichnen wir als Interventionen. Interventionen sind zielgerichtete Kommunikation. Die Autonomie der Organisation bleibt dabei gewahrt. Die Autonomie bleibt gewahrt, weil das Management – systemisch betrachtet – keine Möglichkeit hat, die Organisation unmittelbar zu beeinflussen. Entscheidungen des Managements sind nicht zwangsläufig Entscheidungen der Organisation. Kein Management kann der Organisation seine Entscheidungen aufzwingen. Manager können durch ihr Handeln Organisationen anregen. Nicht mehr und nicht weniger.

Ist es dann nicht beliebig und egal, was das Management macht? Nein, im Gegenteil. Wenngleich viele Organisationen *trotz Management und nicht deswegen* überleben, heißt es nicht, dass Manager keinerlei positiv steuernden Einfluss nehmen können. Es ist für die Organisation nicht egal, was Manager tun. Allerdings ist die Form der Einflussnahme anders zu denken. Manager können letztlich nur die Wahrscheinlichkeit erhöhen, dass ihre Steuerungsimpulse vom Unternehmen aufgenommen und weiterverarbeitet werden. Nur weil das Management entschieden hat, tut sich in der Organisation nicht unbedingt etwas. Management war wirksam, wenn die Entscheidungen in der Organisation aufgegriffen worden sind und zu Anschlusskommunikation führen. Welcher Impuls wie aufgegriffen und weiterverarbeitet wird, hängt von der Eigenlogik der Organisation ab. Anders ist es gar nicht möglich. Kein Management der Welt kann jeder der eigenen Entscheidungen nachgehen und prüfen, ob sie flächendeckend umgesetzt wurde. Punktuell ist Nachkontrolle möglich. Doch im Prinzip muss darauf vertraut werden, dass die Organisation die Entscheidungen umsetzt. Ob die Entscheidungen aufgegriffen und wie sie umgesetzt werden, läuft in jeder Organisation anders – nach einer eigenen, organisationstypischen Logik. Manche Führungskraft, die die Organisation gewechselt hat, konnte hier ihr blaues Wunder erleben, wie zum Beispiel jene, die als neue Managerin in einer Non-Profit-Organisation bald merkte, dass nur jene Entscheidungen konsequent umgesetzt wurden, deren Auswirkungen die Mitarbeiter an ihrem Arbeitsplatz unmittelbar nachvollziehen konnten. Ein besseres Verständnis darüber, wie die Organisation in ihrer Eigenlogik tickt, kann die Wahrscheinlichkeit der Weiterverarbeitung von Entscheidungen erhöhen und das Handeln als Manager wirksamer machen. Dieses Verständnis verdeutlicht der Begriff Unternehmens-(Selbst-)Steuerung (Exner, Exner u. Hochreiter 2009).

Im Idealfall ist Managerhandeln (hier als Intervention bezeichnet) zielgerichtete Kommunikation auf der Basis von Annahmen (hier als Hypothesen bezeichnet), die die Leitungsfähigkeit der Organisation erhalten oder verbessern soll. Sie entfaltet Wirkung, wenn sie von der Organisation aufgenommen und weiterprozessiert wird. Ob dies geschieht, ist allerdings einzig und allein eine Entscheidung der Organisation. Allerdings wird nicht jede Entscheidung des Managements zur Intervention, die von der Organisation wahrgenommen wird. Welches Management kennt nicht den »Workshop-Kater«? Nach intensiven Diskussionen wurden begeistert gemeinsam Entscheidungen getroffen, und Monate später musste man feststellen, dass davon nur ein Bruchteil umgesetzt wurde. Der Rest wurde ignoriert und blieb Umweltrauschen. Dies kann viele Ursachen haben: Überlastung, wechselnde Prioritäten, mangelnde Kommunikation, Vergesslichkeit usw. Nur wie kann man dies verbessern?

Entscheidungen sind der Treibstoff einer Organisation, und daher gilt es, deren Wirkungsgrad zu erhöhen. Die Schleife »beobachten – nachdenken – handeln – beobachten« zu nutzen erhöht die Wahrscheinlichkeit, als Manager wirksam zu werden. Zum einen, weil die Schleife einlädt, explizit in die Beobachterperspektive zu gehen, alternative Sichtweisen durchzudenken und aus dem Autopilot-Modus auszusteigen. Zum anderen, weil man entlang der Schleife lernt, die sich ständig entwickelnde Organisation in ihrer Eigenlogik besser zu verstehen. Dies erhöht die Anschlussfähigkeit und damit die Wirkung, weil es leichter fällt, einen Unterschied zu erzeugen, der einen Unterschied macht.

2.4 Wirksam oder nicht wirksam, das ist hier die Frage

Interventionen können natürlich auch unterschiedlich gut gemacht werden und an verschiedenen Stellen der Organisation ansetzen (siehe Kap. 3). Doch bevor wir uns der Frage zuwenden, »*wo* die Intervention ansetzen kann«, wollen wir der Frage »*wie* interveniert wird« genauer nachgehen.

Inwiefern ein »Einmischen« des Managers von der Organisation zugelassen wird, die Intervention also wirksam ist, hängt von vielen unterschiedlichen Faktoren ab. Titscher (2001, S. 155) beschreibt in Weiterentwicklung der Ideen des Sozialpsychologen Kurt Lewin die Wirksamkeit jeder Intervention (I_W) als ein Produkt aus inhaltlicher Qualität (Q) und Anschlussfähigkeit (A):

$$I_W = Q \times A$$

Hinsichtlich der *inhaltlichen Qualität* ist die Frage, inwiefern die Intervention des Managers in ihrer Form und dem Thema nach angemessen ist. So kann ein Manager inhaltlich »falsche« Fragen stellen oder unpassende Vorschläge einbringen. Hier steht die fachliche Kompetenz des Managers im Vordergrund.

Anschlussfähigkeit ist dann gegeben, wenn der Impuls eines Managers anregend wirkt – also die Organisation damit etwas anfangen kann, indem beispielsweise Diskussionen entstehen und damit weitergearbeitet wird. Zwar »entscheidet« letztlich das aufnehmende System (die Organisation) selbst über den Erfolg einer Intervention, doch lassen sich Kriterien definieren, die Anschlusskommunikation, also das Aufgreifen eines Impulses, wahrscheinlicher machen. Um wirksam zu werden, muss eine Intervention oder Entscheidung nicht akzeptiert werden. Wirksamkeit setzt keine Akzeptanz voraus. Um wirksam zu werden, muss die Intervention lediglich in der Organisation ankommen, also anschlussfähig sein.

Wenn eine Führungskraft entscheidet, dass die Sitzordnung der Mitarbeiter verändert wird, dies dann auch umsetzt und damit die bestehenden Gepflogenheiten durcheinanderbringt, muss dies keineswegs auf Gegenliebe stoßen. Die Kommunikation der Mitarbeiter untereinander wird nun anders verlaufen, und die Freude über den neuen Arbeitsplatz unterschiedlich ausfallen. Die Entscheidung ist wirksam, auch wenn die Akzeptanz nicht bei allen Mitarbeitern gegeben ist.

Anschlussfähigkeit beschreibt also, ob Anschlusskommunikation in der Organisation folgt, und darf nicht mit Akzeptanz verwechselt werden. So stoßen viele Entscheidungen in Veränderungsprozessen (wie der Umzug in ein neues, weiter entferntes Büro) häufig auf geringe Akzeptanz und lösen sogar Widerstand aus. Aber sie lösen zumindest *etwas* aus und werden damit für die Organisation wirksam.

Um die Anschlussfähigkeit zu erhöhen, können Manager bei vier Dimensionen ansetzen: der inhaltlichen, der sozialen, der zeitlichen und der räumlichen (vgl. Abb. 6).

Abb. 6: Dimensionen der Anschlussfähigkeit

Die *inhaltliche Dimension* umfasst Entscheidungen wie die Errichtung eines neuen Gebäudes, die Entwicklung eines Produkts, die Erhöhung der Preise und Ähnliches. Diese Dimension bezieht sich auf die Sachebene von Interventionen.

Die *soziale Dimension* betrifft die Personenebene: Wer fühlt sich von dieser Intervention angesprochen? Bei dem Beispiel vom Umzug in ein neues Büro sind dies nicht nur die betroffenen Mitarbeiter, sondern auch Architekten, die finanzierende Bank, die neuen Nachbarn, also kurzum die Stakeholder. Erst nachdem diese identifiziert worden sind, kann festgelegt werden, wie sie einzubinden sind. Mit wem müsste man unbedingt sprechen? Sind Gespräche unter vier Augen oder ein Teammeeting die Erfolg versprechendere Option?

Die *zeitliche Perspektive* setzt sich aus mehreren Aspekten zusammen. Zum einen ist die Anschlussfähigkeit einer Intervention maßgeblich davon abhängig, ob der Zeitpunkt und die Taktung passen. Die beste Idee zum falschen Zeitpunkt eingebracht wird nicht aufgegriffen. Wann wird die Intervention gesetzt, und in welcher zeitlichen Abfolge ordnen sich Interventionen ein? Welche Dauer ist sinnvoll (z. B. Workshops, Meetings).

Zum anderen ist Anschlussfähigkeit von Interventionen immer auch vergangenheitsabhängig. Interventionen sind immer im Zusammenhang mit vorhergehenden Interventionen zu denken. In Unternehmen erleben wir dies häufig bei Managerwechseln.

In einem konkreten Fall eines Geschäftsführerwechsels war der alte Geschäftsführer gefürchtet. Er traf nicht nachvollziehbare, scheinbar willkürliche Entscheidungen, erlaubte keine Fehler und bestand darauf, wegen jeder kleinen Entscheidung gefragt zu werden. Sein Nachfolger setzte stark auf eigenverantwortliches und unternehmerisches Handeln und räumte seinen Mitarbeitern mit einem Mal viele Freiräume ein, verbunden mit der Forderung, diese auch zu nutzen und mitzugestalten. Es dauerte eine ganze Weile, bis dies tatsächlich von der Organisation ernst genommen wurde. Lange Zeit unterstellte die Organisation dem neuen Geschäftsführer, dass er das nicht ernst meinte. Die Angst davor, etwas in Eigeninitiative zu tun und dann dafür sanktioniert zu werden (wie vom Vorgänger), saß noch tief. Erst als langsam Vertrauen entstand, dass Ausprobieren erlaubt und gewünscht war, wurden seine Anregungen aufgenommen und entfalteten Wirkung.

Eine häufig vernachlässigte Dimension ist das *räumliche Setting*. Es hat großen Einfluss darauf, welche Art der Kommunikation möglich wird und was an Dialog entsteht. Es geht hier einerseits um den Ort – intern oder extern und in welchem Raum? Welche Anliegen werden in externen Teammeetings effektiver und entspannter besprochen als in wöchentlichen Jour-Fixes? Wird für Gespräche ins Vorstandsbüro »vorgeladen«, oder trifft man sich an einem neutralen Ort wie einem Besprechungszimmer? Anderseits geht es um die Sitzordnung – wer sitzt an welchem Tisch wo?

In unserer Arbeit mit dem Vorstand einer internationalen Bank war eine der maßgeblichen Veränderungen eine Intervention in das räumliche Setting. Vorstandssitzungen fanden in dieser Bank bis dahin traditionell in einem großen Meetingraum mit meterlangem Eichentisch in O-Form statt. Festgelegte Plätze mit leeren Lederstühlen dazwischen führten mitunter dazu, dass Kollegen in der Diskussion an gegenüberliegenden Seiten des Tisches mehrere Meter voneinander entfernt saßen. Es war unschwer zu erkennen, dass dies eine spezifische Kommunikationsatmosphäre aus Nähe und Distanz erzeugte. Eine der ersten Interventionen der Beratergruppe Neuwaldegg war die Frage, ob man diesen Tisch entfernen könne – was mit einem milden, verständnislosen Lächeln verneint wurde. Der Tisch war in dem Raum zusammengebaut worden. Daher wurden die weiteren Workshops mit diesem Vorstandsteam als Off-Sites gestaltet, mit Sesselkreis, ohne Tische. Wenngleich dies anfangs vom Kunden scherzhaft als »Pfadfinderlageratmosphäre« bezeichnet wurde, war die Wirkung auf die Art der Kommunikation deutlich spürbar. Über dieses Setting wurde eine andere Form des Kontakts und der Auseinandersetzung zu Themen möglich als davor.

Unabhängig davon, wie diese vier unterschiedlichen Dimensionen ausgeprägt sind, entsteht noch etwas anderes: *die Symbolwirkung* als eine Art fünfte Dimension. Manager bekommen vom System eine spezifische Form der Aufmerksamkeit. Ein Brief des Vorstands hat meist ein anderes Gewicht als der eines Teamleiters. Durch diese Aufmerksamkeit haben Interventionen von Managern eine größere Chance, die Organisation zu beeinflussen. Ihre Aktionen haben Symbolwirkung, was angemessen ist und was nicht, worüber gesprochen werden darf, was Tabu ist.

Die unterschiedlichen Dimensionen der Anschlussfähigkeit stellen gleichzeitig ein Repertoire für Management dar, bestehende Routinen der Organisation zu verändern. Diese Veränderungen können in den Inhalten, in der sozialen Zusammensetzung, der zeitlichen Taktung oder dem räumlichen Setting bestehen.

2.5 Fazit

Die Frage der Anschlussfähigkeit stellt sich bei jeder Entscheidung eines Managers. In einer systemischen Betrachtung hat jede Entscheidung sowohl das Potenzial für Irritation als auch dafür, unbeachtet zu bleiben. Wirkungsvolle Entscheidungen müssen das System verstören, sonst bleiben sie Umweltrauschen – oder wie wir in Wien sagen: Das System hat sie »nicht einmal ignoriert«. Auf den Punkt gebracht: Nicht alle Entscheidungen von Managern werden wahrgenommen. Welche Entscheidungen wahrgenommen werden und wie sie wahrgenommen werden, liegt ausschließlich beim System. Die Grafik (Abb. 7) soll dies veranschaulichen.

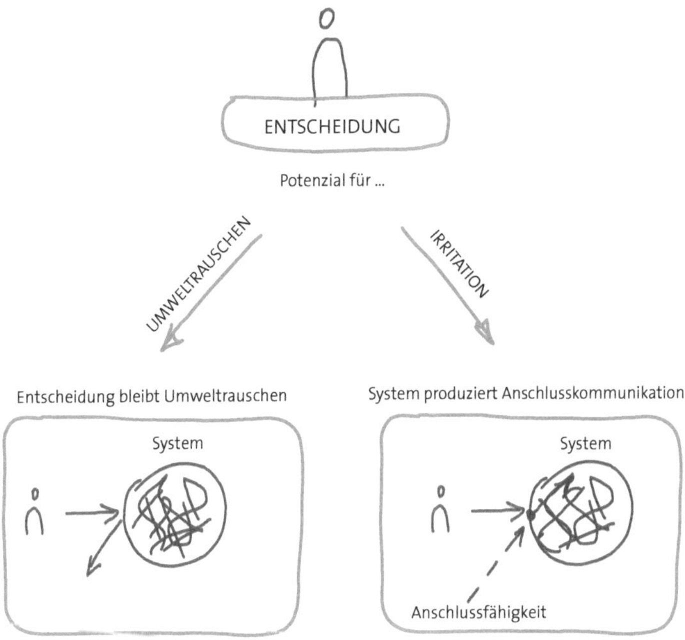

Abb. 7: Anschlussfähigkeit von Entscheidungen

Doch selbst wenn eine Entscheidung als Irritation vom System weiterverarbeitet wird, heißt das noch nicht, dass damit auch die beabsichtigte Wirkung eintritt.

In einem großen Chemiekonzern wurden 2006 alle 200 Betriebe in einem Vorstandsbeschluss angewiesen, konzernweit elektronische Berichte einzuführen. Mit Stand 2013 haben nach wie vor 60 Standorte diesen Vorstandsbeschluss nicht umgesetzt. Die Entscheidung hat gewirkt, nur nicht überall so wie gewünscht. In 140 Betrieben wurde diese umgesetzt, an 60 Standorten wird heute noch über die effektive Nicht-Umsetzung kommuniziert. Die beabsichtigte Wirkung war es, flächendeckend ein einheitliches Berichtswesen einzuführen. Tatsächlich hat die Organisation in Teilen gelernt, dass man auch Vorstandsbeschlüsse (noch) erfolgreich ignorieren kann.

In einer solchen Situation hat man als Manager im Wesentlichen zwei Optionen. Einerseits kann man der Annahme folgen, dass die Umsetzung nicht ausreichend kontrolliert oder sanktioniert wurde, und geht dem Einzelfall nach. Die andere – systemische – Möglichkeit ist, aus dieser Reaktion der Organisation über die Eigenlogik des Systems für nachfolgende Interventionen (Entscheidungen) zu lernen. Dies umfasst Fragen wie: Warum ist es für die Organisation sinnvoll, den Beschluss nicht umzusetzen? Welche Funktion erfüllt die Missachtung? Wodurch unterscheiden sich die 60 von den anderen 140 Betrieben?

Damit sind wir wieder bei der »Neuwaldegger Schleife«: nach einer Intervention (Entscheidung) auf Basis der beobachteten Wirkungen die eigenen Annahmen überprüfen und neuerlich Entscheidungen treffen. Die Schleife wird immer wieder durchlaufen.

Zusammengefasst geht es um die Beachtung folgender Punkte:

- Aktion und Reflexion bewusst trennen
- unterschiedliche (eigene und fremde) Annahmen bewusst machen
- Entscheidungen auf vorläufigen Annahmen zur Situation (Hypothesen) aufbauen
- Wirkung von Impulsen beobachten und Rückschlüsse auf die zugrunde gelegten Annahmen ziehen

3 Ansatzpunkte für Management

Wenn Management keine direkte Einflussnahme auf Organisationen ist, was ist es dann? Soziale Systeme bestehen, wie wir gesehen haben, aus kommunikativen Akten und in Organisationen aus Entscheidungen. Organisationen bestehen daher aus einem Fluss von Entscheidungen. Was nicht zu einer Entscheidung wird, ist im Kontext der Organisation uninteressant (»Umweltrauschen«). In jeder Organisation werden ständig Entscheidungen getroffen: in der Telefonzentrale, vom Staplerfahrer, von der Qualitätssicherung, im Verkauf ... und natürlich auch von der Geschäftsführung. Diese Entscheidungen sind verschiedenartig und – wie sich erst später feststellen lässt – von unterschiedlicher Tragweite. Erstaunlich ist doch, wie bei einer schier unübersichtlichen Fülle von Entscheidungen sichergestellt werden kann, dass die Entscheidungen aufeinander Bezug nehmen. Wie ist es möglich, dass Organisationen sich nicht ständig und heillos in Widersprüche verwickeln? Natürlich gibt es Entscheidungen, die frühere Entscheidungen aufheben, und andere, die ignoriert werden. Überraschend ist jedoch, dass es bei all der Vielfalt im Großen und Ganzen doch funktioniert. Irgendwie müssen diese Entscheidungen abgestimmt werden, und das gelingt in Organisationen längst nicht mehr nur durch Prozesse oder gar durch hierarchische Strukturen. Daher stellt sich die Frage, woran sich Entscheidungen orientieren können, damit sie anschlussfähig – also wirksam – werden.

3.1 Leitsystem für Entscheidungen: Die Entscheidungsprämissen

Für die Beantwortung dieser Frage bieten sich die »3 + 1 Entscheidungsprämissen« an. Entscheidungsprämissen sind nach Luhmann »*Entscheidungen, die Prämissen für eine noch unbestimmte Vielzahl anderer Entscheidungen festlegen*« (Luhmann

2000, S. 224). Prämissen sind nach dieser Definition gültige Entscheidungsgrundlagen für spätere Entscheidungen. Man kann die Entscheidungsprämissen auch Meta-Entscheidung nennen, Entscheidungen, die »über« anderen Entscheidungen liegen und diese beeinflussen. Die Prämissen sind relevant für das »Lichtermeer« der Entscheidungen (siehe Kap. 1.5), weil ihre langfristige Gültigkeit als gegeben angesehen wird: eine Art Dauerleuchten im »Lichtermeer«. Das Beispiel von Seite 24 von der Firma, die nach Russland expandieren will, ist auch ein Beispiel für eine Entscheidungsprämisse. Prämissen können aber auch in kleinerem Rahmen gesetzt werden. Häufig finden wir in Organisationen beispielsweise die Entscheidungsprämisse »Wir müssen bis zum Ende der Sitzung entscheiden«. Diese Prämisse beeinflusst die Entscheidungen, die während der Sitzung getroffen werden. Mit einer anderen Prämisse wäre der Sitzungsverlauf sehr wahrscheinlich anders, weil der festgelegte Entscheidungsrahmen ein anderer wäre.

In Anlehnung an Luhmann (2000, S. 222 ff.) unterscheiden wir drei Entscheidungsprämissen, an denen Managementhandeln ansetzen kann:

- (Entscheidungs-)Programme
- Strukturen/Prozesse
- Personen

Beispiele für Entscheidungsprämissen in diesen drei Dimensionen sind u. a. definierte Budgetierungsprozesse (Struktur-/ Prozessebene) und Geschäftsfeld- oder Markenstrategien (Programme), die einmal festgelegt werden, dann häufig eine ganze Weile unhinterfragt gelten und damit leitend für eine Vielzahl nachfolgender Entscheidungen sind. Genauso wäre die Bestellung eines neuen Managers eine Entscheidungsprämisse auf Personenebene. Durch eine Person kommen bestimmte Sichtweisen, Einstellungen, Werte etc. in die Kommunikation, die nachfolgende Entscheidungen beeinflussen. Durch die Veränderung einer der drei Prämissen kann man Veränderungen in der Organisation stimulieren. Sie sind damit Ansatz- und Orientierungspunkte für das Management und fungieren wie Stellhebel für Unternehmensentwicklung.

Eine besondere Rolle kommt der Organisationskultur als viertes, nicht direkt steuerbares Element zu; Luhmann spricht von unentscheidbaren Entscheidungsprämissen. Kultur steht in einer Wechselwirkung mit den drei übrigen Entscheidungsprämissen, wirkt also auf sie ein und wird gleichzeitig von ihnen bestimmt. Doch über Kultur kann nicht entschieden werden. So ist es wenig sinnvoll, die Anweisung zu geben: Ab morgen haben wir eine wertschätzende, unternehmerische Führungskultur. Und Kultur kann – anders als Personen, Entscheidungsprogramme und Strukturen/Prozesse – auch nicht bestimmte Entscheidungen vorbereiten (Luhmann 2000, S. 242). Kultur wirkt anders und ist anders zu beeinflussen. Mehr dazu im Kapitel 3.3.

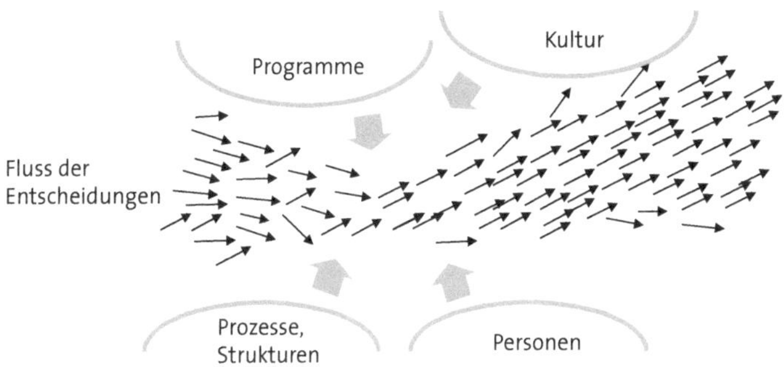

Abb. 8: Entscheidungsprämissen als Leitsystem für Entscheidungen

Jede einzelne der Entscheidungsprämissen fuhrt dazu, dass bestimmte Optionen in den Fokus genommen und andere ausgeschlossen werden. Damit fungieren die Entscheidungsprämissen wie ein Leitsystem für Kommunikationen und Entscheidungen (vgl. Abb. 8). Entscheidungsprämissen helfen, die Komplexität zu reduzieren, die ansonsten überwältigend wäre und das Unternehmen lähmen würde.

Entscheidungsprämissen sind wie ein mehrspuriger Kreisverkehr. Grundsätzlich eine ziemlich komplexe Verkehrssituation mit vielen Zubringerstraßen, Spuren, unterschiedlichen Verkehrsteilnehmern und einer Menge von Optionen. Dennoch ermöglichen einfache Regeln (innen hat Vorrang, Fahren gegen den Uhrzeigersinn, Blinken beim Verlassen) die Selbststeuerung dieser anspruchsvollen Verkehrssituation, unabhängig von der Anzahl der zuführenden Straßen oder Autos. Jeder einzelne Verkehrsteilnehmer kann sich (muss es allerdings nicht) in seinen Entscheidungen auf die Kreisverkehrsregeln der Straßenverkehrsordnung beziehen. Sie sind Entscheidungsprämissen – ein Leitsystem – für jede folgende Entscheidung und reduzieren damit Komplexität. Man muss sich beispielsweise nicht jedes Mal neu überlegen, ob man optimalerweise gegen oder mit dem Uhrzeigersinn fährt. Dies erleichtert Anschlussentscheidungen und einen kontinuierlichen Fluss.

3.2 Das viereckige Dreieck

Die Luhmann'schen Entscheidungsprämissen haben wir in einem Dreieck visualisiert, um deutlich zu machen, dass es Abhängigkeiten zwischen den Prämissen gibt und die Organisationskultur – in der Mitte dargestellt – nicht direkt beeinflusst werden kann (vgl. Abb. 9).

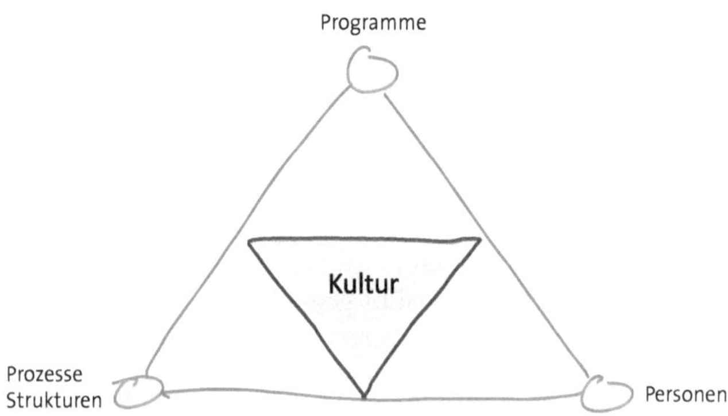

Abb. 9: Entscheidungsprämissen als Dimensionen systemischen Managements

Unter *Programmen* sind Strategien, Visionen und Ziele zu verstehen. Die Festlegung auf ein strategisches Ziel, z. B. Qualitätsführerschaft, schließt eine Menge anderer Optionen aus. Mit *Prozessen und Strukturen* stehen Aufbau- und Ablauforganisation im Fokus, die den Fluss von Kommunikation regeln. Über *Personen* kommen ganz bestimmte Werte, Einstellungen und Sichtweisen in das Unternehmen. Entscheidungen werden von Person A möglicherweise anders getroffen als von Person B. Sowohl Strategien, Prozesse/Strukturen als auch Personen sind Meta-Entscheidungen, die alle darauffolgenden Entscheidungen beeinflussen. Eine spezielle Bedeutung kommt der Kultur in Unternehmen zu. Kultur lässt sich wie bereits oben gesagt nicht direkt beeinflussen.

Eine dynamische Werbeagentur, die viel auf Kreativität durch Kooperation und Austausch setzt, strukturiert sich mit extrem flachen Hierarchien, nutzt technologiegestützte Plattformen für die Vernetzung und stellt bewusst Querdenker unterschiedlichster Disziplinen ein. Teamgeist und »Du«-Kultur spiegeln sich auch in den Räumlichkeiten und dem ungezwungenen Umgang miteinander. Es ist deutlich beobachtbar, wie Kultur auf die drei anderen Entscheidungsprämissen (Strategien, Prozesse/Strukturen, Personen) wirkt und diese wieder die Kultur verstärken. Eine neue Führungskraft, die gewohnt ist, hierarchisch zu führen, wird in einem solchen System entweder abgestoßen, oder es kommt zu massiven Konflikten.

Das »viereckige Dreieck« haben wir in vielen Projekten erfolgreich verwendet, z. B. um den Schwerpunkt eines bestimmten Projektes und dessen Auswirkungen auf die anderen Prämissen zu verdeutlichen.

In einem Handelsunternehmen verließen Angebote an Kunden selten fristgerecht das Unternehmen. Der verantwortliche Manager diagnostizierte ein Defizit im Zeitmanagement auf Personenebene und wollte Zeitmanagement-Trainings für seine Mitarbeiter einführen. Eine integrierte Betrachtung ergab, dass die Schwierigkeiten viel stärker im Prozess der Informationsbeschaffung und in der vielschichtigen Abstimmung für eine ordnungsgemäße Angebotslegung zu verorten waren als im Zeitmanagement der Auftragsbearbeiter. Der dominante Fokus auf Personen (»Schuldigensuche«) wirkt scheinbar entlastend, ist aber oft nur Symptombehandlung.

Organisationen beschreiben die Ursache für viele Probleme häufig als Defizit von Personen und deren Qualifikationen oder sogar Charaktereigenschaften. Symptomatisch lässt sich beispielsweise ein häufiger Führungswechsel auf Personenebene beobachten, während die Strukturen und Führungssysteme nicht verändert werden. Wenn im Auto das Öllämpchen aufleuchtet, kleben Sie auch kein Kaugummi drüber, oder? Eine integrierte systemische Sicht auf Basis des »viereckigen Dreiecks« kann hier Perspektiven erweitern und Personen entlasten.

Ein anderes Beispiel für Wechselwirkungen und Inkonsistenzen begegnete uns in einem Servicebetrieb. Als kulturelle Werte wurden Teamarbeit und Kooperation ausgerufen. Gleichzeitig waren die Anreizsysteme so gestaltet, dass allmonatlich der Mitarbeiter des Monats gekürt und prämiert wurde. Das heizte eher das Konkurrenzdenken im Team an. Der Fokus auf den Stellhebel Prozesse/Strukturen führte schließlich zur Überlegung, die Anreizsysteme so umzugestalten, dass Teamarbeit und Kooperation gefördert werden. Fortan wurden Prämien nur noch für erreichte Teamziele ausgeschüttet.

Das »viereckige Dreieck« dient dazu, einen klaren Handlungsfokus zu definieren, und unterstützt Manager dabei, die Wechselwirkungen zwischen unterschiedlichen Prämissen mitzudenken. Es hat sich als besonders hilfreich erwiesen, um in komplexen Situationen den Überblick zu bewahren und handlungsfähig zu bleiben. Es eignet sich beispielsweise sehr gut für:

- *Analysen der Ist-Situation:* Welche Ursachen für Probleme lassen sich aus verschiedenen Perspektiven beobachten? Welche Stärken und Schwächen gibt es? Wo zeigen sich Inkonsistenzen? Welche Bereiche sind in der Organisation »gut beleuchtet« und welche eher gering ausgeprägt – und wie funktional ist das für die Ziele der Organisation?

- *Integrierte Strategiearbeit:* Welche Maßnahmen auf Prozess-/Struktur- oder Personenebene braucht es, um die Umsetzung der Strategie zu fördern?
- *Change/Unternehmensentwicklung:* Wo muss angesetzt werden, um die Zukunftsfähigkeit der Organisation zu sichern? In welchen Bereichen wären Steuerungsimpulse sinnvoll, um die Wahrscheinlichkeit der Zielerreichung zu erhöhen?
- *Auftragsklärung mit Beratern:* Was steht im Fokus? Wofür sollen Maßnahmen entwickelt werden? Wo soll der Schwerpunkt des Beraters liegen?

3.3 Kultur als Merkmal lebendiger Systeme

Der Organisationspsychologe Ed Schein (2003) hat das Bild des Eisbergs für die Beschreibung von Kultur geprägt. Der Großteil dessen, was Kultur ausmacht (Werte, Normen, Einstellungen, Menschenbild etc.), liegt unterhalb der Wasseroberfläche und ist nicht sichtbar. Kultur manifestiert sich aber in allen Dimensionen oberhalb der Wasseroberfläche – in Form von Strategien, der Art, wie Prozesse und Strukturen gestaltet werden, und welche Personen in die Organisation kommen.

Die Dimension der Kultur in Organisationen verdient besondere Aufmerksamkeit. Immer mehr Organisationen entdecken die Bedeutung von Firmenkultur und erkennen, wie schwer es ist, sie zu beeinflussen. Je schneller die Entwicklung, je häufiger die Veränderungen, desto mehr gewinnt Kultur an Bedeutung, denn es gibt noch keine Regeln für die neuen Situationen. Manchmal haben wir den Eindruck, dass alles, was sich einer direkten Steuerung des Managements entzieht, Kultur genannt wird. Sie ist, wie Luhmann (2000, S. 242) sagt, eine nicht entscheidbare Entscheidungsprämisse. Gemeint ist damit, dass man sich nicht für eine bestimmte Kultur – nach dem Motto »ab sofort sind wir kundenfreundlich« – entscheiden kann und dies dann wie eine neue Software am Computer laufen lässt. Anders gesagt: Kultur ist keine Variable der Unternehmenssteuerung einer Organisation, sondern Organisationen *bilden* und *sind* Kultur zugleich. Daher ist eine kulturlose Organisation auch nicht vorstellbar. Vom Beginn an entfaltet jedes Start-up seine eigene Kultur. Organisationskultur entwickelt sich evolutionär und »es ist wohl angebracht, innerhalb einer Organisation von unterschiedlichen Kulturen zu sprechen« (ebda., S. 248). Organisationskulturen entstehen durch Interaktionen und wirken wieder auf diese zurück. Sie manifestieren sich in allen Aspekten des Dreiecks und sind meist stark geprägt von den Prinzipien, die sich in Gründungs- oder Krisenphasen für das Überleben als wirkungsvoll erwiesen haben.

Kultur ist – wie das Wetter – ein differenzloser Begriff. So wie es keinen wetterlosen Zustand gibt, existiert auch kein kulturloser Raum. Für die in einer Organisation Tätigen hat sie hohe Selbstverständlichkeit, ähnlich wie der Geruch in einem Raum, den man nur wahrnimmt, wenn man den Raum betritt. Allen, die länger im Raum sitzen, fällt dieser Geruch nicht mehr auf. Nur im Vergleich mit anderen Kulturen[1] kann die eigene Organisationskultur überhaupt erfasst werden. Folglich vereinfachen und übertreiben Organisationskulturen zugleich, bündeln Aufmerksamkeit und verhindern oder erschweren zumindest die Kommunikation von Erfahrungen, die dem etablierten Bild widersprechen« (Luhmann 2000, S. 245).

Die spezifischen Kulturen einer Organisation setzen sich aus den kollektiv geteilten Wahrnehmungen und Interpretationen zusammen, die als grundlegend für die Zusammenarbeit erachtet werden (Simon 2004, S. 231; Staehle 1999, S. 516) und die das soziale Geschehen prägen (zu Funktionen von Organisationskultur siehe Abb. 10). Dazu gehören auch Verhaltensweisen, die sich bewährt bzw. die nicht in kritische Widersprüche geführt haben und die deshalb an neue Mitarbeiter als rational und emotional korrekter Umgang mit Problemen weitergegeben werden. Kultur reduziert damit auch Komplexität, weil sie ein bestimmtes Verhalten wahrscheinlicher macht, oder wie es der US-amerikanische Schauspieler und Komödiant Richard Lewis

1 Luhmann (2000, S. 246 f.) verweist darauf, dass der Begriff »Kultur« erst »gegen Ende des 18. Jahrhunderts in Gebrauch gekommen [ist], um explizite Vergleiche der europäischen Kultur (es gab ja keinen europäischen Staat) mit der eigenen Geschichte und mit anderen Kulturen zu ermöglichen«.

formuliert: »Culture is the way we do things here.« Die Kultur einer Organisation ist immer einzigartig.

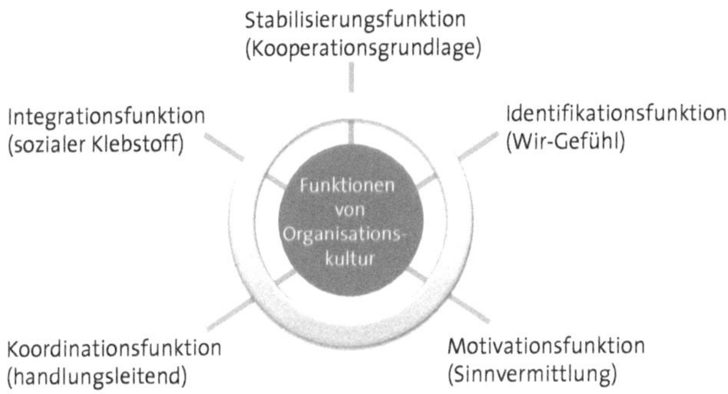

Abb. 10: Funktionen von Organisationskultur (in Anlehnung an Staehle 1999, S. 12)

Die Wirkung von Organisationskultur zeigt sich am stärksten, wenn gegen sie verstoßen wird. Beispielsweise beobachten wir in einigen Organisationen, dass Entscheidungsvorschläge im Führungskreis nur dann angenommen werden, wenn sie vorab in bilateralen Gesprächen bekannt gemacht und diskutiert wurden. Neue Führungskräfte, die dies nicht wissen, wundern sich, warum sie mit ihren Entscheidungsvorlagen in den Meetings nicht durchkommen. Wer die »Kulturregeln« nicht kennt, hat es schwer, mitzuspielen. Jeder Manager, der schon einmal die Organisation oder gar die Länder gewechselt hat, kann davon ein Lied singen. Kultur wirkt immer auch sinngebend und grenzziehend.

Ausgeprägte Organisationskulturen erleichtern die Führung durch ein hohes Maß an Erwartungssicherheit. Sie erschweren jedoch auch alle Versuche der »Fremdsteuerung« beträchtlich. Von allen Dimensionen des »viereckigen Dreiecks« ist Kultur die am schwersten veränderbare. Gleichzeitig ist für nachhaltige Veränderung eine Verankerung in der Kultur notwendig. Mit dieser Paradoxie – der Notwendigkeit, Kultur zu berücksichtigen oder zu verändern, ohne sie direkt beeinflussen zu können, muss erfolgreiches Management zurechtkommen.

4 Komplexitätslandkarte – Orientierung im Management[2]

Es ist wie in einem unbekannten, riesigen Supermarkt – vielleicht sogar in einem anderen Land –, in dem man ohne Einkaufsliste den Wagen durch die Gänge schiebt. Man ist überwältigt von der Fülle. Jedes Produkt gibt es in unzähligen Ausführungen, und die Unterschiede zwischen den Angeboten sind schwer zu erkennen. Man kommt aus dem Staunen nicht heraus und fragt sich, wer braucht das alles? Dieses Überangebot begegnet uns an vielen Stellen: bei unseren Smartphones, bei dem Angebot für Pauschalreisen in fremde Länder, bei den neu erscheinenden Fachbüchern ... Es wird mehr angeboten, als wir je nutzen können (dies ist geschichtlich gesehen übrigens ein ziemlich neues Phänomen), und diese überbordende Vielfalt ist ein Aspekt der Komplexität.

Komplexität bedeutet nicht nur Vielfalt, sondern auch Gleichzeitigkeit unterschiedlicher Strömungen, die vielschichtig miteinander vernetzt sind. Vielfalt kann man unterteilen, gliedern, wie die Gänge im Supermarkt: Obst und Gemüse, Backwaren, Toilettenartikel. Bei der Komplexität kommen noch weitere Faktoren hinzu: dass man nicht weiß, wie die Dinge zusammenhängen und sich gegenseitig beeinflussen. Es gibt keine klaren Kriterien zur Strukturierung. Selbst, wenn man Experten befragt, haben diese unterschiedliche Meinungen, und man steht wieder vor der Frage, welche Entscheidung angemessen ist. Oder in dem Beispiel von oben wäre dies so, als würden wir den noch leeren Einkaufswagen durch den Supermarkt schieben, sollten uns aber rasch entscheiden. Denn wir müssen noch für das Abendessen

2 Die Ausführungen zur Komplexitätslandkarte basieren auf den Arbeiten unseres Neuwaldegger Kollegen Heinz Jarmai – siehe erstmalig: Jarmai 1995: Matrix versus Netzwerk –, der auch bei der Erstellung dieses Kapitels mitgewirkt hat.

einkaufen, zu dem wir zwanzig Gäste erwarten. Leider haben wir den Einkaufszettel vergessen und zu Hause wieder einmal nicht überprüft, welche Zutaten noch vorrätig sind.

Luhmann nennt vier Merkmale: von Komplexität »[...] spricht man, wenn es (1) eine große Anzahl von Elementen aufweist, die (2) in einer großen Anzahl von Beziehungen zueinander stehen können, die (3) verschiedenartig sind und (4) deren Anzahl und Verschiedenartigkeit zeitlichen Schwankungen unterworfen sind« (Luhmann 1980, S. 1064 f.).

Menschen und Systeme müssen ständig Komplexität reduzieren, um handlungsfähig zu bleiben. Sie reduzieren Komplexität im Wissen, dass sie vielleicht genau jenen Aspekt ausgelassen haben, der in der Zukunft relevant sein kann. Komplexität zwingt zur Reduktion und zur Entscheidung, denn auch, wenn wir das Smartphone nicht kaufen, haben wir uns entschieden. Andererseits müssen Menschen und Systeme mit der Komplexität »mitgehen«, sich z. B. mit der Funktionsweise eines Smartphones auseinandersetzen, um (zumindest bei den eigenen Kindern und Freunden) im Spiel zu bleiben. Das heißt, sie müssen lernen, Komplexität aufzubauen.

Für Organisationen ist der Umgang mit Komplexität zu einer Überlebensfrage geworden. Keine andere Institution hat so gut gelernt, mit Komplexität umzugehen, wie Organisationen: Sie müssen einerseits Komplexität reduzieren, um handlungsfähig zu bleiben, andererseits müssen sie diese intern aufbauen, um den Ansprüchen ihrer Umwelt gerecht zu werden, wie wir auch im Kapitel 1.4 »Die Organisation und ihre Umwelt« ausgeführt haben. Organisationen spielen hinsichtlich der Komplexität eine besondere Rolle, denn sie unterstützen die Gesellschaft, die Komplexität irgendwie im Zaum zu halten. So liefern Unternehmen Produkte und Dienstleistungen, die das Leben in der modernen Welt erleichtern: Das Smartphone aus unserem Beispiel von oben unterstützt die Menschen, den heutigen Anspruch auf Flexibilität zu erfüllen, weil es sie unabhängig von Zeit und Ort macht. Zugleich erhöhen Organisationen die Komplexität, allein schon durch das immer breitere Angebot an Produkten und Dienstleistungen, nach denen in der Vermarktung Bedarf geweckt wird und aus denen die Menschen auswählen müssen. In anderen Worten: Ohne die modernen Organisationen könnten wir diesen Grad an Komplexität nicht aushalten, und durch sie bekommen wir immer mehr Komplexität geliefert.

Vom Management wird erwartet, Komplexität zu managen. Das heißt: Wirksames Management muss eine angemessene Antwort auf den jeweiligen Komplexitätsgrad finden. Grundsätzlich geht es für Management darum, die eigene Organisation im Kontext unendlicher Umweltkomplexität zu positionieren und zu entwickeln. Einen »One Best Way« gibt es nicht. Statt von richtigem oder falschem Management zu sprechen, ziehen wir die Frage »richtig wofür?« vor – was ist *hier* hilfreich oder wirksam. Antworten können immer nur in Wechselwirkung mit dem jeweiligen Kontext gesehen werden.

Das Zerlegen und Zusammenbauen eines Smartphones ist zwar kompliziert, aber Experten kennen *die* einzig richtige Lösung. Hingegen ist ein Fußballspiel komplex – es gibt zahlreiche Wechselwirkungen und unterschiedlichste Spielsysteme und Spielzüge, die zum Erfolg führen. Um in dieser komplexen Situation erfolgreich zu sein, kann man z. B. Standardsituationen oder Spielzüge einstudieren. Dies reduziert Komplexität über das Festlegen von Rollen, Mitspielerverhalten, Laufwegen etc. und ermöglicht, handlungsfähig zu bleiben. Was jedoch als erfolgreich gewertet werden kann, hängt auch vom jeweiligen Gegner, der Bedeutung des jeweiligen Spiels, dem Zeitpunkt in der Saison usw. ab.

Während Organisationen also *in Relation zu ihrer Umwelt* immer Komplexität reduzieren müssen, gilt es auch oft, *in Relation zu ihrem eigenen Zustand* die Komplexität zu erhöhen. Um beim Fußball zu bleiben: wenn eine Mannschaft neue Formen lernt, wie von der Verteidigung auf den Angriff umgestellt werden kann. Oder am Beispiel einer Produktion: wenn von einem Einschicht- auf einen Mehrschichtbetrieb umgestellt oder ein erstes Werk in China in das eigene Produktionsnetzwerk integriert wird.

Komplexität kann als Merkmal schlecht strukturierbarer Entscheidungssituationen definiert werden (Ulrich u. Fluri

1992) und wird als Gegenteil von Einfachheit, Determinierbarkeit und Überschaubarkeit gesehen. Für Luhmann, den das Thema Komplexität sein Leben lang fasziniert hat, ist das Besondere von Komplexität das Zusammenwirken von Varietät und Redundanz (Luhmann 1988). Er bezeichnet die Vielfalt der Faktoren als Varietät und die Schwankungsfreudigkeit der Entscheidungen als Redundanz. Das Zusammenspiel dieser beiden Dimensionen ergibt den Komplexitätsgrad. Dies bedarf einer Erklärung.

Redundanz beschreibt das Ausmaß, in dem durch die Kenntnis vergangener Entscheidungen Rückschlüsse auf künftige Entscheidungen gezogen werden können. Redundanz schafft so etwas wie Selbst-Ähnlichkeit, wodurch die Vorhersehbarkeit zukünftigen Handelns steigt (Luhmann 2000).

Ein Beispiel dafür wäre ein standardisierter Prozess für Kundenbeschwerden. Egal, ob es sich um ein Produktproblem oder um unfreundliches Mitarbeiterverhalten handelt, die Beschwerde geht in der Behandlung im Unternehmen immer den gleichen Weg. Die Entscheidung muss nicht jedes Mal neu getroffen werden.

Redundanz beschreibt die *Wiederholbarkeit von Entscheidungen.* Hohe Redundanz ist ein Ausdruck von Stabilität und Ausfallssicherheit. Für die Managementpraxis haben wir uns entschieden, den Begriff Redundanz durch Volatilität zu ersetzen. Mit dem in der Wirtschaft geläufigen Wort Volatilität assoziieren wir positive Eigenschaften (Kreativität) wie kritische (Chaos). Das Ausmaß an *Volatilität bestimmt*, inwiefern *bestehende Entscheidungsroutinen für neue Situationen passend* oder *verfügbar* sind. In Organisationen mit niedriger Volatilität (und damit hoher Redundanz) können viele Entscheidungen über Routinen und standardisierte Prozesse abgehandelt werden. Auch doppelte Funktionen (z. B. Pilot und Kopilot oder Stellvertreter) und Routineprozesse (z. B. Checklisten) stellen sicher, dass Entscheidungen selbst bei Ausfällen getroffen werden können. Organisationen behelfen sich, indem sie für diese Fälle Wenn-dann-Regeln definieren.

Ein Beispiel ist eine Grundregel im Supermarkt, dass ab fünf Personen in der Warteschlange eine neue Kasse geöffnet werden muss. Diese Regel bezieht sich auf einen Parameter (Anzahl der Personen in der Warteschlange) und hat damit eine hohe Beständigkeit. Diese Art der Steuerung ist dort zu finden, wo es um die Absicherung eines stabilen Prozesses geht (z. B. in der Produktion, in Fast-Food-Ketten, Callcentern etc.).

Wie wir noch sehen werden, sind Wenn-dann-Regeln nur in bestimmten Kontexten hilfreich. Mit diesen Regeln erhöht sich die Redundanz einer Organisation, die dadurch in der Regel unabhängiger von bestimmten Personen wird, weil diese durch die klaren Entscheidungsregeln austauschbarer sind. An die Stelle der Einschätzung einer Person – im Beispiel der Leiter des Supermarkts, der erst geholt werden und dann überlegen müsste, ob es sich in *diesem* Fall lohnt, Mitarbeiter von anderen Arbeiten abzuziehen – tritt eine klare Regel, der alle Mitarbeiter Folge zu leisten haben.

Unter *Varietät* verstehen wir die *Vielfalt und Unterschiedlichkeit der Entscheidungen* in einer Organisation (Luhmann 2000). Mit zunehmender Varietät nimmt die Kopplung des Systems gegenüber der Umwelt zu, d. h., die Organisation verarbeitet mehr Impulse aus den relevanten Umwelten und stellt diesen auch ein größeres Angebot zur Verfügung. Ein Smartphone hat eine höhere Varietät als ein normales Handy, da wir nicht nur telefonieren, sondern auch ins Internet gehen, Musik hören, Fotos knipsen und vieles mehr machen können. Varietät ist ein Ausdruck der Unterschiedlichkeit von Entscheidungen, die in der Organisation getroffen werden (müssen). Je mehr Produkte ein Unternehmen erzeugt, je mehr Regionen es bedient und je unterschiedlicher die Bezugspunkte der Organisation sind, desto höher ist die Vielfalt.

Ein Unternehmen, das seit jeher Schweißgeräte herstellt, entscheidet sich, zu diversifizieren und Solarwechselrichter auf den Markt zu bringen. Dieses völlig neue Geschäftsfeld bringt eine Vielzahl neuer, unbekannter Parameter in die Organisation, wie z. B. andere Produktlebenszyklen, andere Vertriebswege, Teile- statt Systemlieferant etc. und natürlich eine höhere Komplexität, was zu steuern ist.

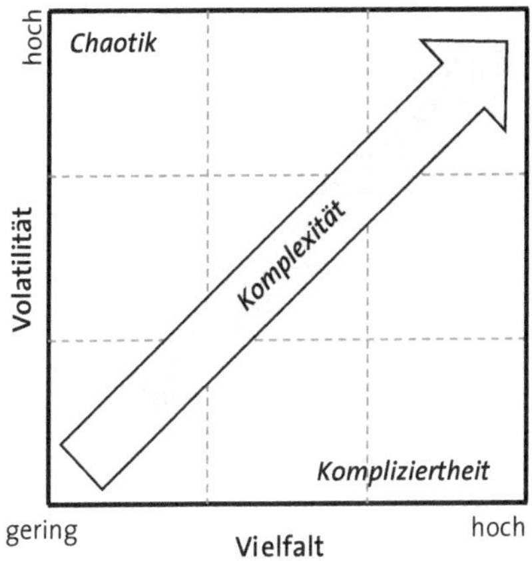

Abb. 11: Komplexitätslandkarte (in Anlehnung an Jarmai 1995)

Je höher Vielfalt und Volatilität ausgeprägt sind, desto höher ist die Komplexität (siehe Abb. 11). Wirksames Management muss adäquat auf das Ausmaß der Volatilität und Vielfalt reagieren. Es ist unmöglich für Organisationen, das gesamte Ausmaß an Komplexität zu fassen. Die Komplexität der Umwelt ist immer größer als die Eigen-Komplexität des Systems. Diese Asymmetrie wird auch Komplexitätsgefälle genannt (Luhmann 1984, S. 250). Eine der Hauptaufgaben von Management besteht darin, ein angemessenes Komplexitätsgefälle zu schaffen und zu erhalten, um somit handlungsfähig zu bleiben. Managen heißt in diesem Zusammenhang, Meta-Entscheidungen zu treffen: Entscheidungen über künftige Entscheidungen, die wir Entscheidungsprämissen. Jede einzelne der Entscheidungsprämissen führt dazu, dass bestimmte Optionen in den Fokus genommen und andere ausgeschlossen werden. Damit fungieren die Entscheidungsprämissen wie ein Leitsystem für Kommunikationen und Entscheidungen (vgl. Abb. 8). Entscheidungsprämissen helfen, die Komplexität zu reduzieren, die ansonsten überwältigend wäre und das Unternehmen lähmen würde. Diese gilt es so zu gestalten, dass aus der unendlichen Menge von verfügbaren

Informationen, die für die Leistungsfähigkeit der Organisation relevanten gefiltert und verarbeitet werden. Um die Wahrscheinlichkeit von erfolgreichen Entscheidungen (die das System leistungsfähig halten) zu erhöhen, muss sich das Management daher vergegenwärtigen, in welchem Kontext es agiert. Dies setzt voraus, die relevanten Umwelten unter Beobachtung zu halten und Entscheidungen über das sinnvolle Maß an Komplexität der eigenen Organisation abzuleiten.

4.1 Fünf Grundtypen des Managements

Von dieser Landkarte ausgehend unterscheiden wir unterschiedliche Grundtypen von Management. Es geht dabei nicht um richtiges oder falsches Management, sondern um die Frage, was für den jeweiligen Kontext passt. Der Kontext entscheidet über die Wirksamkeit von Managementhandeln. Bei der Arbeit mit der Komplexitätslandkarte in den vergangenen Jahren haben wir fünf Grundtypen des Managements entwickelt (siehe Tab. 2 und Abb. 12). In der unendlichen Vielfalt der Möglichkeiten bieten sie eine erste Orientierung und dienen als Ansatzpunkt für die Gestaltung von Managementsystemen. Im Folgenden geben wir einen Überblick über die fünf Ausprägungen der Komplexität mit den daran angepassten fünf Grundtypen des Managements.

Komplexitätskontext	Fokus	Management-Grundtyp
Geregelte Effizienz	Standardisierung	Managing Stability & Order
Gemanagte Welt	Leistung	Managing Results
Dynamische Vielfalt	Kreativität	Managing Opportunities
Krise und Umbruch	Überleben	Managing Turnaround
Genial kompliziert	Wissen	Managing Expertise

Tab. 2: Übersicht über die fünf Ausprägungen der Komplexität mit den Grundtypen des Managements

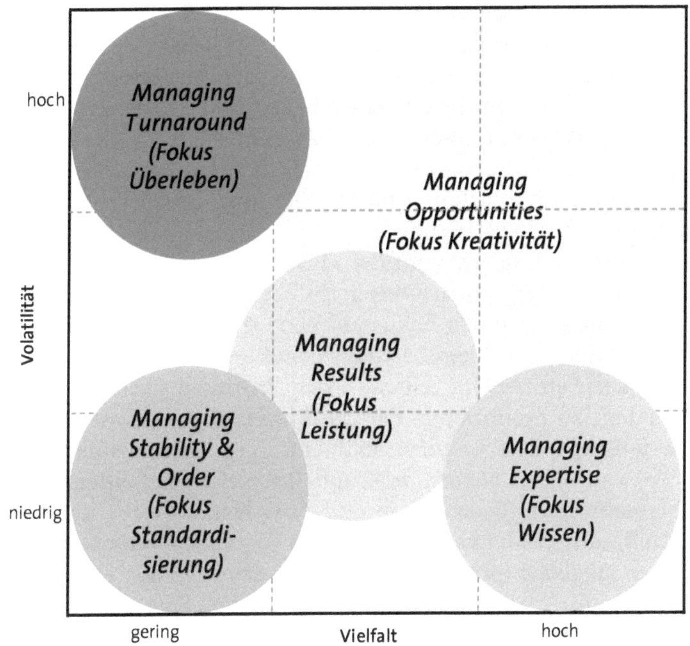

Abb. 12: Komplexitätslandkarte mit den fünf Grundtypen des Managements

4.1.1 »Geregelte Effizienz«

Fokus: Standardisierung

Management-Grundtyp: Managing Stability & Order

Plastische Beispiele für diesen Typus sind Intensivstationen in Krankenhäusern, große Kraftwerksanlagen, eine Chipfertigung oder auch große Callcenter für Kundenanfragen. Weick a. Sutcliffe (2010) haben diese Organisationen als »high reliablity organizations« bezeichnet. Bei diesen geht es um »geregelte Effizienz«: Varietät und Volatilität sind durch den Fokus auf Standardisierung niedrig, und der Kontext ist nur wenig komplex. Der Grad der Planbarkeit ist hoch, Ordnung und Erwartbarkeit der Entscheidungen dominieren. Ausnahmefälle werden über eigens strukturierte Genehmigungsprozesse entschieden – auch für die Ausnahme gibt es damit eine Regel. Das Hauptanliegen solcher Organisationen liegt in der Exzellenz der Ausführung, wobei Erfolgsindikatoren die Geschwindigkeit und Effizienz der Prozesse in klaren Strukturen sind. Unternehmen, die hoch standardisierte Produkte erzeugen oder hoch standardisierte Dienstleistungen anbieten, gehören in diese Gruppe, beispielsweise jede Form der Massenfertigung.

Zentrales Interesse sind die »Economies of Scale«, also die Kosten bei steigendem Output zu reduzieren. Entscheidungsprogramme legen den Fokus auf hoch standardisierte Massenproduktion und Dienstleistungen und zielen meist darauf, in möglichst effizienten, reibungslosen Prozessen gleichbleibende Qualität zu produzieren. Die Strukturen und Prozesse werden so angelegt, dass sie auch unabhängig von den ausführenden Personen stabil bleiben wie zum Beispiel in der öffentlichen Verwaltung, in der Abläufe und Entscheidungskriterien hoch standardisiert und klar geregelt sind. In solchen Systemen sollte jeder möglichst problemlos ersetzbar sein. Daraus ergibt sich eine hohe Arbeitsteilung mit ausgeprägten Hierarchien. Entscheidungen werden meist top-down getroffen, es dominiert ein sachlich-weisungsorientierter Führungsstil, der häufig durch monetäre Anreizsysteme unterstützt wird. Die sehr straffen Qualitätskriterien werden vom Qualitätsmanagement kontrolliert. Durch die arbeitsteiligen, standardisierten Prozesse stellen sich an das Personal überwiegend Standardanforderungen, für die es Standardqualifikationen braucht. Beim Management der »geregelten Effizienz« liegt der Schwerpunkt auf »Managing Stability & Order«: Es muss geeignete Prozesse etablieren und ihre penible Einhaltung sicherstellen. Wer den Regeln und Prozessen Folge leistet und die Effizienz erhöht, wird belohnt.

4.1.2 »Gemanagte Welt«

Fokus: Leistung
Management-Grundtyp: Managing Results
Als Beispiel für diesen Typ eignet sich die Automobilindustrie. Das Credo unserer Zeit, die »Performance Culture«, spiegelt

sich in diesem Grundtyp: Dinge möglich machen – überall, jederzeit, für möglichst viele und in möglichst hoher Qualität. Jeder Kunde soll das Produkt bekommen, das er will. Damit steigt die Komplexität, denn sowohl Varietät als auch Volatilität sind stärker ausgeprägt als in der »geregelten Effizienz«: »Geht nicht, gibt's nicht«, ist der Maßstab eines professionellen Selbstverständnisses, das den Fokus auf Leistung legt. Abweichungen sind da, um gemeistert zu werden. In der »gemanagten Welt« finden sich häufig verkaufsgetriebene Organisationen und die moderne Industrie mit ihrer »Mass Customization«, aber auch Dienstleister wie große Wirtschaftsprüfungsunternehmen oder die Beratungsindustrie.

Die Entscheidungsprogramme setzen auf klar formulierte Ziele: Die individuellen Handlungen sollen entlang ausgefeilter Strategie- und Budgetvorgaben auf ein bestimmtes Endziel einzahlen. Strukturell unterstützen üblicherweise funktional gegliederte Hierarchien und Service-Level-Agreements mit internen Dienstleistern die Erreichung der Unternehmensziele. Prozesse können nur eingeschränkt standardisiert werden. Im Hinblick auf die unterschiedlichen Aufgaben, Kompetenzen und Verantwortlichkeiten wird das Personal nach differenzierten Kriterien ausgewählt. Variable Vergütungssysteme bieten einen Anreiz für jeden einzelnen Mitarbeiter, die hochgesteckten Ziele durch persönliches Engagement zu erreichen. Häufig sind es ohnehin sehr leistungsorientierte Personen, die sich durch diesen Grundtyp mit seinem Fokus auf Leistung angezogen fühlen.

Die Führung baut typischerweise auf »Management by Objectives«, um den sich wandelnden Kundenwünschen mit geeigneten Angeboten begegnen zu können. Ziele zu erreichen, ist in der »gemanagten Welt« wichtiger, als vorgegebene Prozesse einzuhalten. »Managing Results« bedeutet, die »Sache« und die Emotionen zu beherrschen, ob es nun um individualisierte Massenfertigung geht oder um den besten Kundenservice unter allen Mitbewerbern.

4.1.3 »Dynamische Vielfalt«

Fokus: Kreativität

Management-Grundtyp: Managing Opportunities

Komplexer geht es nicht: Wenn es sich um die Schaffung von Neuem dreht, es um die Vernetzung von unterschiedlichsten Individuen und Gruppen oder auch von Wissen und Ressourcen geht, sind sowohl Volatilität als auch Varietät extrem stark ausgeprägt. Nur wenig ist berechen- oder planbar. Beispiele hierfür sind sowohl der Aufbau eines ersten Produktionsstandortes in Russland oder auch ein innovatives Start-up im Social-Business-Bereich.

Verbindendes Element sind häufig gemeinsame Grundwerte oder die Leidenschaft für eine Vision, Idee oder Sache. Was »der Sache« dient, ist für die handelnden Personen Entscheidungsprogramm. Der ausgeprägte Personenaspekt schafft eine starke Kultur, die oft mit der Kultur einer Glaubensgemeinschaft verglichen wird – es kann so weit gehen, dass Organisationen der »dynamischen Vielfalt« von außen als sektenartige Gemeinschaften mit einem »Guru« gesehen werden. Vernetzung und flexible Teams sind das zentrale Organisationselement, Strukturen und Prozesse treten dagegen in den Hintergrund. Stattdessen gibt es autonome Subsysteme, offene Informationen und Vertrauensarbeitszeit. Der Vergleich mit relevanten Milieus wie Peers und internen Teams ist Alltag. Sozial-ethische Anreize wirken stark. Eine Gefahr der »dynamischen Vielfalt« ist die Selbstausbeutung der Einzelnen, die sich mit dem System, der Aufgabe oder dem Produkt überidentifizieren. Eine andere ist der hohe Ressourceneinsatz – häufig bei technologiebegeisterten Unternehmen zu finden –, der nicht immer die entsprechenden Renditen einspielt.

Management bedeutet in der »dynamischen Vielfalt«, die geeigneten Rahmenbedingungen für die Entfaltung von individuellem Potenzial und flexiblem Agieren zu schaffen. Zentraler Erfolgsfaktor ist das Erkennen und Nützen von unternehmerischen Chancen, »Managing Opportunities«. Eine große Herausforderung dabei ist, Individuen mit der Gemeinschaft zu verbinden, den Einzelnen mit der Gruppe: Es braucht Kommunikationsplattformen und Entrepreneure für die entsprechenden

Märkte. »Managing Opportunities« erfordert eine hohe emotionale Intelligenz und viel soziales Gespür von einem Management, das die Bühne für die kreativen Köpfe der Organisation und ihre Teams freigeben muss. In manchen Organisationen ist sogar das Wort »Management« verpönt, weil es hierarchische Überlegenheit ausdrückt. Die Rolle des Managements wird in der »dynamischen Vielfalt« jedoch als eine überwiegend »dienende« gesehen – Management als organisatorische Serviceleistung, die ressourcenorientiert den Rahmen für andere schafft.

4.1.4 »Krise und Umbruch«

Fokus: Überleben

Management-Grundtyp: Managing Turnaround

In Organisationen in »Krise und Umbruch« gibt es nur eine wesentliche Aufgabe: die Existenzbedrohung zu überstehen. Das erzwingt vom Management, einen kategorischen Fokus auf das Überleben zu setzen, und reduziert damit die Vielfalt, also die Varietät, – manchmal bis zu einem Schwarz-Weiß-Denken. Anders die Volatilität: Die kann kaum höher sein als in einer solchen Situation, denn in einer Krise gibt es keine Entscheidungssicherheit und keine bewährten Entscheidungsregeln. Wie anschlussfähig die notwendigerweise neuartigen Entscheidungen sind, ist selten vorhersehbar. Als Beispiel dienen hier die Finanzkrise für viele Banken, bedrohliche Liquiditätsengpässe in Unternehmen oder massive Marktanteilsverluste wie beim finnischen Mobiltelefonhersteller Nokia.

Entscheidungsprogramme orientieren sich daran, was unmittelbar überlebensnotwendig ist. Dazu braucht es eine klare Vision für die Zeit »danach« und einen Fokus auf einige wenige Erfolgskriterien, die zeigen, ob der eingeschlagene Weg der richtige ist. Kurzfristiges Liquiditäts- und Ressourcenmanagement wird betont, langfristige Ziele wie die Entwicklung von Erfolgspotenzialen sind in dieser Zeit nachrangig. Ebenso werden die Strukturen und Prozesse stark verschlankt und gestrafft. Es zählen Entscheidungsfähigkeit und -geschwindigkeit. Das wird häufig durch verkürzte Kommunikationswege und die schnelle Taktung von Meetings erreicht. Die Macht wird zentralisiert:

Befehlsausführung statt Diskussion ist jetzt gefragt. Alle Bereiche werden an ihrem aktuellen Beitrag zur Wertschöpfung gemessen. Auch Mitarbeiter werden vorrangig nach ihrer Bedeutung für die Überlebensfähigkeit des Unternehmens beurteilt.

Management in Zeiten von »Krise und Umbruch« bedeutet vor allem, das Wichtige und Dringliche zu erkennen, wenige klare Botschaften (»5-Punkte-Programm«) zu senden und diesen engen Aufmerksamkeitsfokus für die Dauer der Krise durchzuhalten.

4.1.5 »Genial kompliziert«

Fokus: Wissen

Management-Grundtyp: Managing Expertise

Organisationen, in denen Experten unterschiedlicher Richtungen professionelle Leistungen in hoher Varietät und geringer Volatilität erbringen, sind einfach »genial kompliziert«. Typische Beispiele dafür sind Krankenhäuser, Universitäten, größere Beratungsunternehmen oder Forschungseinrichtungen in Unternehmen.

Primäres strategisches Ziel ist die qualifizierte Leistungsversorgung der jeweiligen Stakeholder. Professionelle Normen und Qualitätsstandards, an denen sich diese Leistungen messen, werden meist nicht innerhalb der Organisation festgelegt, sondern von externen Institutionen und Peers kollektiv entwickelt. Typische Instrumente dafür sind Veröffentlichungen, Awards und Rankings, aber auch der Austausch auf Kongressen und Konferenzen dient dazu. Dies gilt im Unternehmen für viele interne Dienstleister (Forschungsabteilung, Controlling, HR etc.). Als Maßstab für das Leistungsniveau gilt meist die Akzeptanz bei den relevanten Peergroups. Strukturell hat dies häufig flache Hierarchien zur Folge und lenkt den Fokus auf funktionale Einheiten. In einem Krankenhaus sind das beispielsweise die Ärzteschaft, das Pflegepersonal und die Verwaltung. Personen werden vorrangig wegen ihrer Expertise eingestellt und aufgrund ihrer Professionalität beurteilt. Diese Expertenkultur, die sich auch über die Zugehörigkeit zu Subgruppen steuert, prägt die Organisationskultur. Daher sind Führungskräfte sehr häufig selbst (die ehemals besten) Experten, die in der Hierarchie aufgestiegen sind.

Das Management muss darauf achten, dass das professionelle Niveau der Experten im organisationsunabhängigen Vergleich konkurrenzfähig ist und die Leistungen für die relevanten Stakeholder in einem hohen Maß erwartbar bleiben. Eine weitere Aufgabe des Managements ist der Betrieb des Verwaltungsapparats, der den organisatorischen Rahmen für die Leistungserbringung darstellt und häufig als zweitrangig gewertet wird.

Mit den fünf Grundtypen wollen wir einen ersten Eindruck von der Bedeutung der Komplexitätskontexte auf die Wirksamkeit der Steuerungsmechanismen innerhalb einer Organisation vermitteln. Die eigene Organisation und ihre Teile einem Grundtypus zuzuordnen ist nur der erste Schritt einer genaueren Diagnose, die zur Ableitung von Managementstrukturen, -systemen und -handlungen unerlässlich ist. Dies kann dadurch erfolgen, indem die Komplexitätslandkarte mit dem viereckigen Dreieck (siehe Kap. 3.2) verknüpft wird.

4.2 Muster in den Entscheidungsprämissen

Wir wollen nun einen Schritt konkreter werden und die Komplexitätslandkarte nutzen, um für jede der drei Dimensionen des Dreiecks zur Unternehmensentwicklung Ansatzpunkte und Modelle zu beschreiben. Je nach Komplexitätskontext sind unterschiedliche Schwerpunktsetzungen bei den Entscheidungsprogrammen, unterschiedliche Formen von Strukturen und unterschiedliche Management-Stile anschlussfähiger als andere. Steuerungsmechanismen, die in einem Kontext extrem funktional sind, laufen in anderen Kontexten ins Leere oder sind sogar hinderlich (vgl. Abb. 13).

Entscheidungsprogramme und Strategie müssen an den Komplexitätskontext des Unternehmens angepasst sein, um ihre Wirkung entfalten zu können: Braucht eine Organisation »dynamische Vielfalt«, werden Kommunikationen, die auf Regeln und starren Programmen basieren, nicht greifen. Sollen umgekehrt Produktivität und Effizienz in standardisierten Verfah-

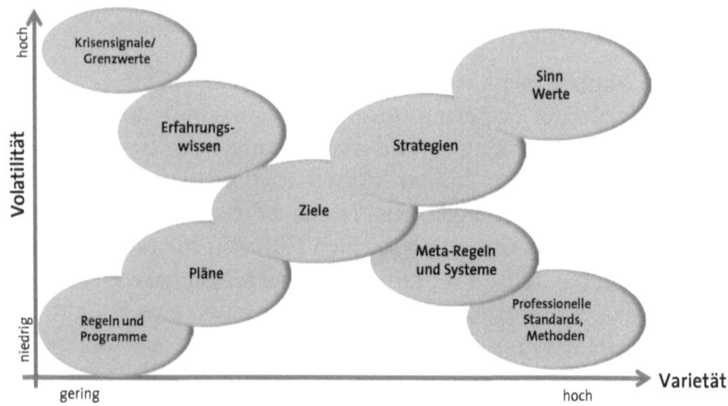

Abb. 13: Entscheidungsprogramme in der Komplexitätslandkarte

ren erhöht werden, appelliert wirksame Kommunikation nicht an die Werte des Systems und den Sinn der Organisation. Ein fast binäres Entscheidungsprogramm aus Krisensignalen und Grenzwerten erleben wir bei »Krise und Umbruch«, während in einer »genial komplizierten« Expertenorganisation professionelle Standards und Methoden die Entscheidungsprämisse bestimmen.

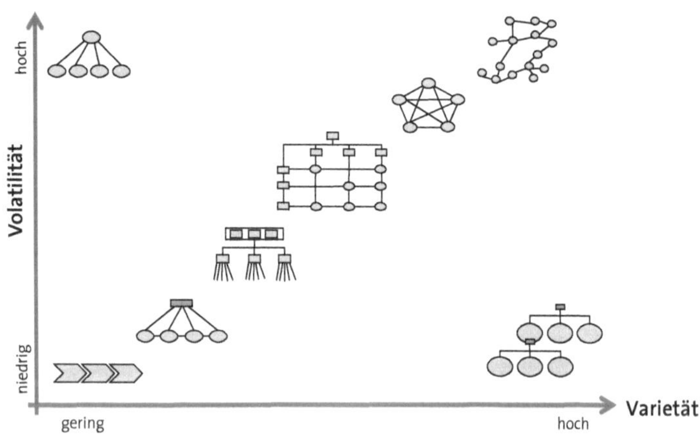

Abb. 14: Strukturen und Prozesse in der Komplexitätslandkarte

Die Verortung in der Komplexitätslandkarte schafft Orientierung darüber, wie *Strukturen und Prozesse* organisiert werden können, sodass sie ihre Funktion im jeweiligen Kontext optimal erfüllen (vgl. Abb. 14). Während man in der »dynamischen Welt« mit weitgehender Selbstorganisation der handelnden Personen leben (können) muss, bildet sich die hohe Standardisierung der »geregelten Effizienz« in strengen Kommunikationswegen ab: So geht in einer Behörde ein Schriftstück durch einen strikt vorgegebenen Aktenlauf und wird nicht etwa an jene Person geschickt, die der Bearbeiter für die kompetenteste hält. Eine Krise wird am besten gemeistert, wenn die Kommunikationswege kurz sind, damit sich Kommunikationen schnell an die relevanten Stellen verbreiten können. Die »gemanagte Welt« arbeitet meist in funktionalen Organisationseinheiten zusammen, deren Berichtswege in einem Organigramm klar strukturiert sind.

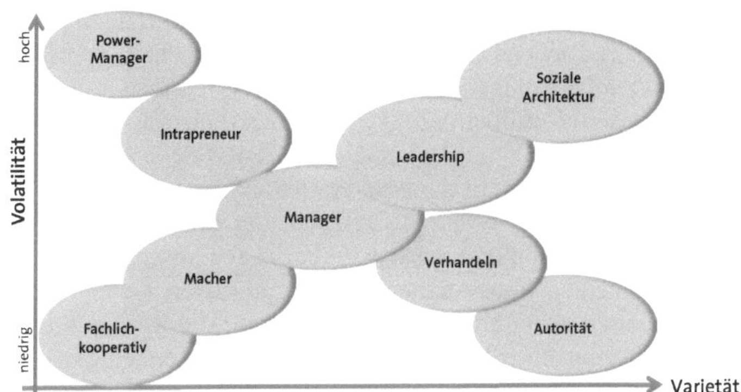

Abb. 15: Management-Stile in der Komplexitätslandkarte

Analysiert man die Anforderungen der unterschiedlichen Komplexitätskontexte anhand der Entscheidungsprämisse *Personen*, bilden sich deutliche Muster heraus, welche Persönlichkeiten in welchem Kontext am besten geeignet sind und welche Management-Stile angebracht sind (vgl. Abb. 15). Der klassische

Manager wird gebraucht, wenn es um »Managing Results« der »gemanagten Welt« geht. In der Krise muss es sogar ein »Power-Manager« sein, da wird ein Verhandler, der in einem weniger volatilen Kontext höchst wirksam ist, vermutlich nichts retten können. Eine fachlich-kooperative Haltung begünstigt Kommunikation zwischen Personen, von denen »geregelte Effizienz« gefordert wird, und wer das Chaos der »dynamischen Vielfalt« beherrschen will, muss fit in sozialer Architektur sein.

4.3 Komplexitätskontexte innerhalb einer Organisation

Mithilfe der Komplexitätslandkarte kann man ganze Organisationen verorten. In vielen Organisationen greift das jedoch zu kurz. Eine Uniklinik ist gesamthaft gesehen eine Expertenorganisation, wo »Managing Expertise« oberste Managementaufgabe ist. Betrachtet man aber die einzelnen Abteilungen genauer, so sieht man eine Reihe unterschiedlicher Komplexitätskontexte: Im Labor mit der hoch standardisierten Auswertung von Blutproben herrscht »geregelte Effizienz«, während das Operationsmanagement in der »gemanagten Welt« angesiedelt ist. In der Notfallaufnahme geht es wörtlich ums Überleben der Patienten, der Komplexitätskontext entspricht »Krise und Umbruch«. Würde man die gesamte Klinik mit einem einzigen Managementsystem steuern, wären viele der Kommunikationen nicht anschlussfähig und würden nicht die gewünschte Wirkung in den einzelnen Subsystemen der Organisation erzielen. Die verschiedenen Abteilungen müssen daher auf der Komplexitätslandkarte unterschiedlich verortet und nach passenden Parametern gesteuert werden.

4.4 Stabilisierung und Veränderung

Je nach Zielsetzung der Organisation ist es die Aufgabe des Managements, den Komplexitätskontext zu stabilisieren oder zu verändern. Befindet sich ein Unternehmen in einer fundamentalen Krise, so ist es die Aufgabe des Krisenmanagements, das Unternehmen möglichst rasch in einen anderen Komplexitätskontext zu führen, denn »Krise und Umbruch« wünscht sich keine Organisation dauerhaft. Verzeichnet eine große Vertriebsorganisation Erfolge durch das ergebnisorientierte Management der »gemanagten Welt«, so fokussiert die Unternehmenssteuerung darauf, den Erfolg zu konsolidieren, indem Entscheidungen beispielsweise in der Personalauswahl und in der Workflow-Gestaltung konsequent angemessen dem jeweiligen Kontext getroffen werden.

Die »Stellhebel« für die Kommunikationen, mit denen das Management die Systeme zur Selbststeuerung anregen kann, sind die Ecken des viereckigen Dreiecks (siehe Kap. 3.2). Hat das Management die Komplexitätskontexte seiner Organisation identifiziert – anhand der Grundtypen oder Mischformen daraus –, kann es die Entscheidungsprämissen heranziehen, um zu prüfen, an welchen Stellhebeln gedreht werden kann und an welchen nicht. Der Fokus des Managements liegt dabei auf der Steuerung von Kommunikation, da es selbst ja nicht direkt in das System eingreifen kann, sondern es nur durch Interventionen irritieren kann. Die Gestaltung der Entscheidungsprogramme wie Strategien, Geschäftsfelder und Produkt-Markt-Kombination, die Auswahl von bestimmten Personen mit ihren Werten, Persönlichkeiten und Fähigkeiten und die Entwicklung von Strukturen und Prozessen machen jedoch bestimmte Entscheidungen und Kommunikationen im System wahrscheinlicher als andere. Hier kann das Management ansetzen, um die Selbststeuerung der Organisation entsprechend dem Komplexitätskontext zu stimulieren und damit entweder eine Veränderung einzuleiten oder eine Stabilisierung des Status quo zu erreichen.

4.5 Anlässe für Steuerung

Die Komplexitätskontexte einer Organisation und ihrer Unterorganisationen und ihre Folgen für die Gestaltung der Entscheidungsprämissen sind das große Bild, das Management von einer Organisation entwickelt. Im Alltag wird der Steuerungsbedarf jedoch meist durch einen konkreten Anlass ausgelöst. Wesentlich ist, dass die Reaktion auf diesen Anlass angemessen ist. In

Art des Kontextes	Kennzeichen	Bedeutung für das Management
Einfache Kontexte	Die Input-Output-Relation ist klar, wie beispielsweise bei der Behebung eines Rechenfehlers in der Bilanz.	Klare Regelungen und Programme etablieren und auf ihre Funktionsweise kontrollieren. plan – do – check – act
Komplizierte Kontexte	Eine sehr große Zahl von Inputgrößen muss genau aufeinander abgestimmt prozessiert werden, um den richtigen Output zu produzieren, wie beispielsweise die Analyse und Behebung eines Qualitätsproblems in der Fertigung.	Experten-Know-how ist unersetzlich, daher: Delegieren an Experten Rahmenvorgaben für Ergebnisse und Prozesse setzen
Komplexe Kontexte	Eine Vielzahl von Einflussgrößen, die nicht alle bekannt sind und in nur teils bekannten Algorithmen zusammenwirken, um eine Vielzahl von Outputs zu generieren, wie beispielsweise ein Strategieprozess mit Szenarioarbeit oder ein Joint Venture in Russland.	Organisation des folgenden Prozesses: Zusammenbringen der Erfahrungen vieler Projektbeteiligter für eine Multiperspektivität Ableiten von Thesen und Theorien über das Zusammenwirken Austesten durch Auswahl von Lenkungseingriffen Beobachtung der Wirkungen
Chaotische Kontexte	Unberechenbarer Output, bei dem einzelne Einflussgrößen quasi schicksalshaft durchschlagen und einen Verlust von Steuerung und Kontrolle nach sich ziehen, wie beispielsweise bei einem massiven Absatzeinbruch.	So schnell wie möglich wieder in die Steuerbarkeit kommen. Die chaotische Gesamtsituation in viele Schritte zerlegen: in einfache, wie Erfassen von Telefonanrufen, in komplizierte, wie Feuerlösch- oder Bergungsarbeiten, und in komplexe, wie die Nachnutzung des Ground Zero. Management ist vor allem das Mastermind für die Aufteilung und Zuweisung von unterschiedlich komplexen Aufgaben.

Tab. 3: Unterschiedliche Anlässe für Steuerung (in Anlehnung an Snowden a. Boone 2007)

der Praxis wird Management häufig als Optimierungshandeln in einem stabilen Umfeld gesehen, hingegen Leadership als visionäres, unternehmerisches Führungshandeln dargestellt. Insbesondere in dynamischen Umwelten kommt es daher zu einer Abwertung von Management. Diese Differenzierung resultiert daraus, dass Verantwortliche in Organisationen ihr Handeln oft noch zu wenig auf die Komplexität des konkreten Anlasses abstimmen und ihre Kommunikationen vor allem in komplexeren Kontexten nicht anschlussfähig und damit zu wenig wirksam sind. Management muss die Fähigkeit entwickeln, Anlässe, die Steuerung erfordern, zu erkennen und die Komplexität der Situation zu diagnostizieren. Danach richten sich die Managementpraktiken, die zur Bewältigung des Anlasses hilfreich sind. David J. Snowden und Mary E. Boone (2007) unterscheiden vier unterschiedlich komplexe Situationen: einfache Kontexte, komplizierte Kontexte, komplexe Kontexte und chaotische Kontexte (vgl. Tab. 3).

5 Organisation und Management im Wandel der Zeit

5.1 *Wie Management entstanden ist und sich entwickelt hat*

Für uns heute ist Management allgegenwärtig, aber wie war es früher? Gab es Management schon immer, oder waren bestimmte wirtschaftliche und gesellschaftliche Voraussetzungen notwendig, damit sich die Rolle und Funktion von Management herausbilden konnte? Allgemein wird angenommen, dass Management eine Profession ist, die erst mit der industriellen Entwicklung entstanden ist. Dies wird auch (noch) von den meisten Lehrbüchern (Staehle 1999, S. 23) vertreten. Doch wie lautet die Frage, deren Antwort Management heißt? Oder anders gefragt: Welche Funktion erfüllt Management?

Management als Tätigkeit ist eng mit Begriffen wie »Planung« und »Koordination« von vielen Menschen und Aufgaben in einer effizienten Weise verbunden. Management als Institution steht für eine Führungsgruppe in Organisationen, die Tätigkeiten wie einkaufen, verkaufen und produzieren anleitet und die dabei kein Eigentümer ist. Der Bedarf an dieser Art von Leistungen ist ab Mitte des 19. Jahrhunderts sprunghaft gestiegen, als die Nutzung neuer Werkzeuge und Energiequellen einen höheren Kapitaleinsatz erforderlich machten. Die Entwicklung von der Manufaktur zur Fabrik hat auch die Arbeitsteilung mit sich gebracht. Die Entstehung der ersten Eisenbahngesellschaften spielt eine große Rolle bei der Neugestaltung der Arbeitswelt. Für den Eisenbahnbau mussten riesige Investments gemanagt und große Organisationen aufgebaut, Arbeiter eingestellt und sicheres Reisen gewährleistet werden. Das alles konnte weder mengenmäßig noch hinsichtlich der erforderlichen Qualifikation wie bisher von einer kleinen Gruppe von Eigentümern geleistet werden. Dazu brauchte es beispielsweise gut ausgebildete Ingenieure und Buchhalter als Spezialisten in der Organisation. Sehr schnell entstanden dann Assoziationen wie die »Society of

Railroad Accounting Officers« oder die »American Society of Railroad Superintendents«, deren Mitglieder sich austauschten und dabei erste Ansätze eines Managements im heutigen Sinn entwickelten.

Die Eisenbahnindustrie war damals die Leitbranche, so wie es heute die Automobilindustrie ist. Sie löste nicht nur Aufgaben in einer bislang unbekannten Weise, sie entwickelte auch Standards, die schnell von anderen übernommen wurden. So wurden z. B. von ihr Prozesse entwickelt, die den Versand von Waren über 3000 Meilen in relativ kurzer Zeit ermöglichten. Statt drei Wochen brauchten die Waren für diese Distanz nur noch zwei Tage, und statt neun Mal musste das Gut nun kein einziges Mal umgeladen werden. Das Erfolgsrezept der Eisenbahngesellschaften wurde vielfach imitiert. Man erkannte nun auch den Vorteil der Rollentrennung zwischen Eigentümer und Management. Letzteres ließ eine neue Berufsgruppe entstehen, die das operative Geschäft zu verantworten hatte, dabei aber keine oder nur wenige Anteile an ihren Firmen hielt (Amatori a. Colli 2011, S. 66 f.).

Unzweifelhaft ist seitdem die Bedeutung des Managements massiv gestiegen, doch gab es vor 1830 kein Management? Wie konnten Wunderwerke wie die Chinesische Mauer oder die Pyramiden entstehen, Kreuzzüge geführt werden oder die Handelshäuser der Medici expandieren, ohne ein Management zu haben? Möglicherweise gab es Management schon sehr lang, nur wurde es anders bezeichnet. Wir wollen dieser Frage kurz nachgehen und einerseits die Entstehung des Begriffs Management verfolgen, andererseits einen Blick auf die Geschichte des Managements in der Praxis werfen.

Jüngste Forschungen zum Begriff Management zeigen, dass – anders als bisher angenommen – nicht F. W. Taylor und sein Buch »The Principles of Scientifique Management« (1911) die Geburtsstunde des Managements waren, sondern die Geschichte sehr viel früher beginnt. Morton Witzel (2009, S. 4) verweist in seinem Buch »Management History« darauf, dass in der British Library zwischen 1700 und 1850 über 100 Publikationen zu finden sind, die Management als Wort im Titel tragen – zugegeben ziemlich wenig im Verhältnis zu den über 30.000 Publikationen allein in englischer Sprache, die heutzutage jährlich erscheinen. Der Begriff Management stammt vom lateinischen Word »manus«, was als »von Hand« übersetzt werden kann, aber schon bei den Römern als »in den Händen« eines Funktionärs verstanden wurde. Vermutlich kam der Begriff dann über Italien »maneggiare« (handhaben) und Frankreich »manegerie« nach England (ebda.).

Es mag erstaunlich erscheinen, dass sich ein heute so geläufiger Begriff wie Management erst vor 100 Jahren durchgesetzt hat. Bis dahin waren andere Begriffe wie Administration, Factor (it. »fattore« *Faktor, Gutsverwalter*) oder Entrepreneur (fr. für *Unternehmer*) gebräuchlicher. Der »MBA« (Master of Business Administration) stammt aus dieser Zeit und wurde vom Dekan der neu gegründeten »Harvard Business School« 1908 vorgeschlagen. Doch noch vor Beginn des Ersten Weltkrieges hatte es der Begriff Management in den USA endgültig geschafft und trat dann seinen Siegeszug durch die ganze Welt an.

Im deutschsprachigen Raum konnte sich in der Management-Lehre der Begriff erst in den 1960er-Jahren durchsetzen, als erkannt wurde, dass alle deutschen Begriffe wie Unternehmungs- oder Betriebsführung, Leitung und der »dispositive Faktor« eine andere Geschichte und einen anderen Theorieansatz haben. Das größte Manko dieser Berufsbezeichnungen ist, dass sie auf eine bestimmte Organisationsform festgelegt sind (Staehle 1999, S. 72 ff.). Das Konzept des Managements hingegen beschränkt den Beruf nicht auf eine bestimmte Art von Organisation oder eine bestimmte Branche. Das war neu, und das verdiente einen neuartigen »Job Title«. So hielten »das Management« und »der Manager« auch in der deutschen Sprache Einzug.

Wenn wir der Entstehung des Managements in der Praxis (unabhängig davon, ob das Handeln so bezeichnet wurde) nachgehen, überrascht zuerst, dass dies bislang nur wenig untersucht ist (Jones a. Zeitlin 2008, S. 97; Witzel 2009; Wren a. Bedeian 2009). Um die Geschichte des Managements rekonstruieren zu können, bedarf es im ersten Schritt einer Definition. Manager ist jemand dann, wenn er oder sie (Witzel 2009, S. 11):

- verantwortlich für andere Personen ist, die an ihn berichten (also nicht jemand, der vorwiegend allein arbeitet),
- die Arbeit anderer leitet und für die finanziellen Ergebnisse die Verantwortung trägt
- und den Eigentümern gegenüber rechenschaftspflichtig ist (also nicht selber maßgeblich am Eigentum beteiligt ist).

So gesehen reicht die Geschichte des Managements weit zurück, was sowohl Literatur als auch verschiedene Biografien belegen. Es gibt kluge Anleitungen zur Menschenführung, Ethik, den Rechten und Pflichten der Führenden und anderen Themen unter anderem vom preußischen General Carl von Clausewitz, vom florentinischen Machtpolitiker Niccolò Machiavelli, vom Religionsphilosophen Thomas von Aquin, von Plato und vom chinesischen Philosophen Konfuzius. Und auch die »Pflichten des Wesirs« aus dem alten Ägypten um 1514 v. Chr. handeln im weitesten Sinn von Managementthemen (Witzel 2009, S. 55). Diese und andere Werke beschreiben allerdings nur Teilaspekte des Managements, beziehen sich auf den Staat und nicht auf privates Eigentum und sind keine Beschreibung der Praxis. Allerdings zeigen die Lebensläufe von Persönlichkeiten wie des ehemaligen Sklaven Pasion, der es um 400 v. Chr. zum Athener Banker brachte, und von Amerigo de Benci, der es Mitte des 15. Jahrhunderts an die Spitze der Medici-Bank schaffte, dass es schon früher richtige Manager gab. Auch die Gründung der ersten professionellen Management-Trainingscenter im 13. Jahrhundert in Italien (Scoule d´abaco) und im gleichen Jahrhundert die »Law School« der »University of Oxford« (»Training for Estate Managers«) in England sind Belege dafür, dass diese Funktion eine längere Geschichte vorweisen kann, als bislang angenommen (Witzel 2009, 2012).

Die industrielle Revolution im 19. Jahrhundert hat zweifellos die Nachfrage nach Management explodieren lassen, und es ist sehr spannend nachzulesen, wie Zeitschriften, Vereine, Trainingscenter, Universitäten und all das, was eine Funktion braucht, um sich zu professionalisieren, aus dem Boden gesprossen sind. Unternehmen wie der 1903 gegründete US-amerikanische Automobilhersteller »Ford Motor Company«, GE (General Electrics, gegründet 1892) und die Schlachthöfe auf den Union Stock Yards in Chicago, die zu Beginn des 20. Jahrhunderts die weltweit größten waren, hatten einen großen Bedarf an gut ausgebildeten Managern, um den wachsenden Anforderungen ihres Geschäfts Herr zu werden.

Durch strukturiertes, planbares, ja wissenschaftliches Vorgehen wollte man die neuen Herausforderungen in den Griff bekommen. Unternehmen wurden nicht zufällig wie Maschinen gesehen, waren doch viele der Pioniere Ingenieure. Es wurde gemessen, gewogen, gefilmt, und man versuchte, alles Zufällige, auch das Menschliche, aus den Unternehmen herauszubekommen. Je perfekter diese Maschine lief desto besser. Da man gelernt hatte, Leistung genau zu messen, wurde danach entlohnt. Mehr Leistung, mehr Lohn. Um Leistungen weiter zu steigern, wurden unterschiedliche Einflussfaktoren untersucht, u. a. auch das Licht am Arbeitsplatz. Die als Hawthorne-Studien (1924–1932) berühmt gewordenen Untersuchungen zum Einfluss der Beleuchtung in der Produktion haben die weitere Entwicklung nachhaltig beeinflusst. Von zwei Gruppen von Arbeiterinnen arbeitete die eine im Experiment unter verbesserten Lichtbedingungen, bei der Kontrollgruppe änderte sich nichts. Zwar erbrachten die Arbeiterinnen bei besserem Licht bessere Ergebnisse, doch auch die Leistungen der Kontrollgruppe steigerten sich. Der Grund: Die erhöhte Aufmerksamkeit, die ihnen durch das Experiment entgegengebracht wurde, motivierte die Arbeiterinnen und spornte sie an. Zunächst als Störfaktor bei der Studie betrachtet, erhielt der Aspekt – mehr Leistung durch mehr Aufmerksamkeit – bereits kurz darauf einen Namen: Hawthorne-Effekt. Man erkannte, dass die Leistungen von Mitarbeitern nicht nur von so objektivierbaren Bedingungen wie der Beleuchtung abhängen, sondern auch von sozialen Kriterien. So ist »der Mensch« gewissermaßen durch die Hintertür in die Managementforschung zurückgekommen, und der »Human Relations«-Ansatz war geboren (Wren a. Bedeian 2009; Amatori a. Colli 2011).

Die Weltkriege haben diese Entwicklung gebremst, sodass erst nach dem Zweiten Weltkrieg der eigentliche Einzug des

Managements in alle Organisationen beginnen konnte. Dabei haben Denker wie der Wiener Ökonom Peter Drucker, der Wirtschaftshistoriker Alfred D. Chandler, Jr., und der kanadische Wirtschaftswissenschaftler Henry Mintzberg, um nur einige zu nennen, diese Disziplin maßgeblich geprägt.

Mintzberg konnte in seiner Studie »The Nature of Managerial Work« (Mintzberg 1973) aufzeigen, dass Manager weder reflektierte, systematische Planer sind, noch dass ihr Handeln auf aggregierten, formalen Informationen beruht. Auch haben sie kaum Kontrolle über ihre Zeit, ihre Handlungen und ihre Organisation. Managementaktivitäten sind kurz und fragmentiert: 50 Prozent dauern weniger als neun Minuten. Manager bevorzugen eindeutig die mündliche Kommunikation, und sie kommen mit ihrem eingeschränkten Freiheitsgrad innerhalb der Organisation oft ganz gut zurecht, d. h., große Freiheitsgrade sind keine Bedingung für erfolgreiches Management. Spätere Studien anderer Forscher haben diese Ergebnisse auch nach der Einführung des Internets bestätigt: »The internet is not changing the practice of management fundamentally; rather, it is reinforcing characteristics that we have been seeing for decades« (Mintzberg 2009, S. 39).

Zusammenfassend können wir festhalten, dass wir ein sehr buntes und facettenreiches Bild zum Begriff »Management« vorfinden. Daher ist nicht verwunderlich, dass es eine Vielzahl von Ansätzen und Schulen gibt, und selbst ein Spezialist wie Mintzberg sich schwertut, Management auf einer Seite zusammenzufassen (Mintzberg 2009, S. 47 ff.). Dennoch und bei aller Buntheit: Vieles, was heute unter Management und Leadership angeboten wird, beruht noch auf den Annahmen des traditionellen Ansatzes. Dieser Ansatz baut auf folgenden Annahmen auf (Schreyögg 1991, S. 263; Klimecki, Probst u. Eberl 1991, S. 110 ff.; Kasper, Mayrhofer u. Meyer 1999, S. 164 ff.):

- Organisationen sind Maschinen, die analytisch berechenbar sind und gesteuert werden können.
- Menschen und ihre Handlungen stehen im Mittelpunkt.
- Organisationen sind offene Systeme.

- Organisationen können gezielt verändert werden, da Manager dies von außen in planvoller Weise durchführen können.

Diese Auffassung von Management stellt die Beherrschung der Aufgaben und Menschen in den Mittelpunkt und agiert nach dem Prinzip »predict and control«. Dieser Ansatz hat viel bewirkt, stützt sich unserer Auffassung nach jedoch auf Annahmen, die heute nur noch teilweise zutreffen (siehe Abb. 1). Die Komplexität und Dynamik des Wirtschaftens hat derart zugenommen, dass die traditionellen Tools ihre dominante Stellung verloren haben und nur noch für bestimmte Bereiche wirkungsvoll eingesetzt werden können.

5.2 Exkurs: Eine kurze Geschichte des Systemansatzes im Management

Barnard (1938) versuchte als erster Systemiker, die klassischen Managementansätze mit den entstehenden sozialwissenschaftlichen Modellen zu verbinden und baute dabei auf dem Gleichgewichtsmodell des italienischen Wissenschafters Vilfredo Pareto auf, der den Begriff »soziales System« eingeführt haben soll (Staehle 1999, S. 35). Dem Auseinanderstreben aller wissenschaftlichen Disziplinen versuchte auch der Biologe Ludwig von Bertalanffy mit seiner Allgemeinen Systemtheorie (1951) zu begegnen. Vor allem die Kybernetik als Wissenschaft der Steuerung und Regelung von Systemen brachte und bringt viele Anstöße für die Managementforschung. Dies hat u. a. Beer (1972) aufgegriffen, der den St. Gallener Ansatz mit seiner Analogie des menschlichen Zentralnervensystems als Steuerungsmodell von Unternehmen maßgeblich prägte.

> »Damit verlagerte sich die Vorstellung vom Sinn und Zweck einer Unternehmung weg vom Primat der wirtschaftlichen Gewinnoptimierung hin zur Entwicklung von Systemqualitäten, die ein erfolgreiches Überleben derselben eingebettet in ihrer spezifischen Umwelt und deren Veränderung ermöglichen.« (Wimmer 2012, S. 8 f.)

Die »St. Gallener« sehen in der Beherrschung der Komplexität die zentrale Aufgabe des Managements. Mit diesem veränderten Blick verändert sich auch das Rollenverständnis von Führung, deren Mitglieder nicht mehr als Macher gesehen werden, die auf das System einwirken, sondern als Katalysatoren mit dem System arbeiten (u. a. Gomez u. Probst 1987; Malik 2006). Der anfängliche Schwung, die Praxisorientierung und das Bestreben, ein integriertes Managementmodell zu entwickeln, ist verloren gegangen, sodass »im Kontext der betriebswirtschaftlichen Forschung [...] das St. Gallener Managementmodell im deutschsprachigen Raum ein Sonderweg geblieben [ist]« (Wimmer 2012, S. 11).

Maßgeblich hat Luhmann die neue Systemtheorie geprägt. Er unterscheidet drei Typen von sozialen Systemen: die Gesellschaft, Organisationen und einfache Interaktionen. Luhmanns Interesse an dem Phänomen Komplexität ließ ihn schon früh auf Organisationen aufmerksam werden (Luhmann 1964, 1973). Ihn faszinierte, wie die moderne Gesellschaft Organisationen dafür nutzte, um Komplexität zu handhaben, und begann, sich näher mit der Funktionsweise von Organisationen zu beschäftigen. Luhmanns Arbeiten folgten einem völlig neuen Ansatz und werden bis heute kontrovers diskutiert. Neben der Ausarbeitung eines konsistenten Modells von Organisationen mit einem unglaublichen Output an Publikationen interessierte Luhmann immer auch die Praxis. So suchte er auch früh den Kontakt zu Unternehmensberatern (u. a. in einem denkwürdigen Workshop inklusive Fallsupervision mit der Beratergruppe Neuwaldegg 1985), um deren Wirken verstehen und beschreiben zu können (Luhmann 1992a). Auf seinem Theorieverständnis beruht das Buch, das Sie gerade lesen.

6 Tools für Manager

Die Erwartung von Rezepten wird von Systemikern oft enttäuscht: Organisationen sind schließlich keine trivialen Maschinen. Doch natürlich arbeiten auch wir nach einer Analyse mit Werkzeugen. Einige der wichtigsten sollen hier vorgestellt werden und Sie einladen, sie selbst auszuprobieren.

6.1 Tool 1: »DNA-Analyse der Organisation« (Lebensweg)

Fragen für Manager:

- Was ist unser USP – was macht uns einzigartig?
- Warum ändern sich manche Dinge bei uns nie?
- Was ist der Purpose unserer Organisation? (Siehe ausführlicher Fink u. Moeller 2018) Wozu gibt es uns?

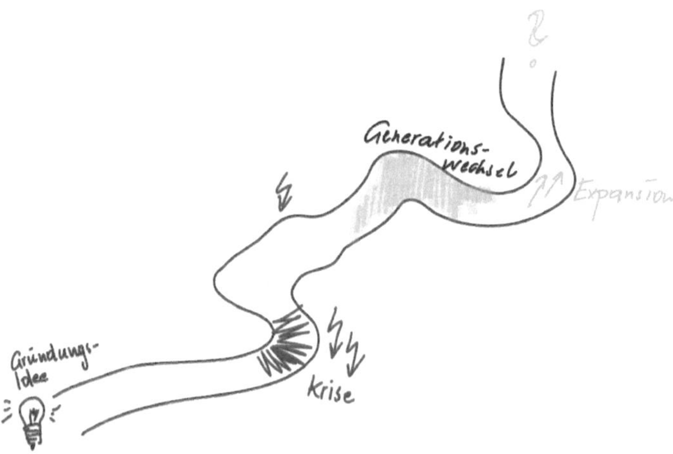

Abb. 16: Beispielhafter Lebensweg einer Organisation

Ihre Geschichte macht jede Organisation einzigartig. In ihr verbergen sich viele hilfreiche Hinweise für Manager. Zum Beispiel wird durch die Gründungsidee oft klarer, warum es die Organisation (oder Abteilungen etc.) überhaupt gibt. Krisenereignisse und Erfolge im Laufe der Entwicklung verweisen auf Stärken und Ressourcen im Umgang mit Veränderungen und Erfolgsmuster. Manager, die die DNA ihrer Organisation verstehen, sind oft wirksamer (ausführlicher siehe Exner, Exner u. Hochreiter 2009).

Und so geht's ...
Idealerweise machen Sie diese Übung im Team. Nehmen Sie ein Flip-Chart und beginnen Sie beim Jahr der Gründung.

- Was waren die ursprüngliche Gründungsidee und der Purpose (dasWozu), die Organisation zu gründen? Wer war dabei, was waren prägende (Gründer-)Werte?
- Wie verliefen die ersten Jahre, Jahrzehnte? Was waren markante Ereignisse?
- Wann kam es im Lauf der Entwicklung zu wichtigen Umbrüchen (z. B. Krisen oder große Erfolge)? Ordnen Sie den Umbrüchen jeweils Jahreszahlen zu und geben Sie den Umbrüchen »markante Überschriften«.
- Was hat zu diesen Umbrüchen geführt und was hat sich dadurch konkret verändert bzw. verfestigt?
- Was war für die Zeit zwischen den Umbrüchen typisch? Benennen Sie auch diese Phasen. Was waren die besonderen Qualitäten der jeweiligen Phase? Was hat die Organisation hier jeweils erfolgreich gemacht?
- Was waren besonders prägende Umwelten? (Banken, Kunden, Lieferanten, auch prägende Persönlichkeiten ...)
- Betrachten Sie das gesamte Bild: Was sind typische Muster Ihrer Organisation, wie »tickt« sie? Was sind daher relevante Hebel und Ansatzpunkte für die Unternehmenssteuerung?

Für Theorie dazu siehe insbesondere:
Kap. 7.1 Die Unterscheidung triviale vs. nichttriviale Maschine, S. 96

6.2 Tool 2: »Big Picture« (Das Ganze und seine Teile)

Fragen für Manager:

- Woran müssen wir vor einer größeren Weichenstellung denken?
- Welche Stakeholder müssen wir für unsere Strategie berücksichtigen?
- Welche Struktur brauchen wir für unsere Organisation?

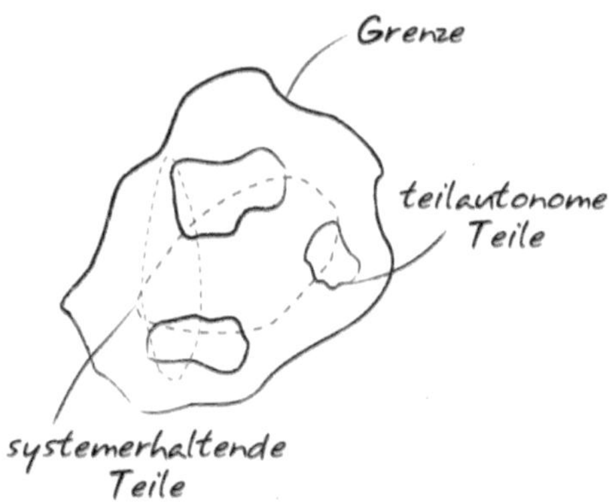

Abb. 17: Das Ganze und seine Teile (Quelle: Exner, Exner u. Hochreiter 2009, S. 202)

Was zu einer Organisation gehört und was nicht, dazu haben Manager derselben Organisation oft unterschiedliche Bilder. Dementsprechend handeln sie und bewerten Umwelten (Stakeholder) unterschiedlich relevant. Die Grenze zwischen der Organisation und ihrer Umwelt ist nie eindeutig, sondern muss immer wieder neu gezogen werden. Auch die Relationen zwischen Teilen innerhalb der Organisation sind ganz verschieden. Daraus ergeben sich unterschiedliche Anforderungen an Koordination. Das »Big Picture« hilft, diese zu differenzieren, hier dargestellt anhand eines Projekts und seiner Umwelten.

Und so geht's …
Bitte beantworten Sie folgende Fragen im Team und erstellen Sie dann eine Grafik:

- Was sind *die Aufgaben und Ziele unseres Projekts*? Was können wir entscheiden und was nicht? Was gehört zum Projekt, was nicht, wo sind wir unsicher?
- Was sind *unsere relevanten Umwelten* (Stakeholder) und wie sehen die Relationen aus?
- Was sind *die Teile des Ganzen*?
- Wonach unterscheiden wir diese Teile? (Funktionen, Länder, Standorte, Produkte etc.)
- Wie beschreiben wir die Beziehung zwischen diesen Teilen, deren Qualitäten und Abhängigkeiten?
- Wie bilden wir diese Unterschiedlichkeit in unserer Organisation, Struktur, Steuerung, Karrierepfaden etc. ab? Wo haben wir hier blinde Flecken?

Für Theorie dazu siehe insbesondere:
Kap. 1.4 Die Organisation und ihre Umwelt, S. 19
Kap. 3.1 Leitsystem für Entscheidungen: Die Entscheidungsprämissen, S. 51
Kap. 7.4 Systemtheorie: Unterscheidungen, die einen Unterschied machen, S. 114
Tab. 4: Ebenen der Systembeschreibung und Fragen für Manager , S. 117

6.3 Tool 3: »Stakeholder-Analyse«

Fragen für Manager:
- Was müssen wir tun, um das Projekt zum Erfolg zu bringen?
- Wie erkennen wir, wer für unser Vorhaben relevant ist?
- Welche Personen(-gruppen) müssen wir wie auf alle Fälle im Veränderungsprozess berücksichtigen?

Jede Situation ist ein Wechselspiel von Sichtweisen und Interessen unterschiedlicher Stakeholder. Eine Entscheidung (z. B. ein bestimmtes Projekt aufzusetzen) betont eine Perspektive stärker als andere und hat das Potenzial für Irritation der bestehenden Kräfteverhältnisse. Es lohnt sich, genauer hinzusehen, wer welchen Einfluss und welche Interessen hat bzw. wie er/sie zu diesem Vorhaben steht – eine Stakeholder-Analyse zu machen (ausführlicher siehe Boos 1990, S. 69 ff.).

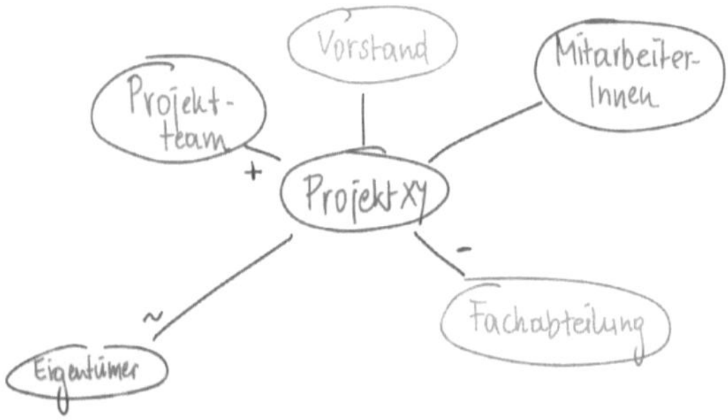

Abb. 18: Stakeholder-Analyse (Quelle: Boos 1990, S. 73)

Und so geht's …
Bitte beantworten Sie folgende Fragen (im Team) und erstellen Sie eine Grafik:

- Wer sind die relevanten Personen oder Personengruppen (Stakeholder innerhalb und außerhalb Ihrer Organisation) für dieses Vorhaben? *(Brainstorming auf Kärtchen)*
- Welche Nähe/Distanz haben diese zu unserem Vorhaben? *(Kärtchen in Relation zum Projekt anordnen in den Kategorien nahe – mittel – weit)*
- Welche Bedeutung und welchen Einfluss haben die einzelnen Stakeholder für das Gelingen unseres Vorhabens? *(ausgedrückt durch die Größe des Kärtchens oder des Kreises des jeweiligen Stakeholders)*
- Welche Einstellung hat der jeweilige Stakeholder zu diesem Vorhaben? *(Ergänzen Sie, ob positiv, kritisch oder neutral gestimmt durch +/-/~ in der jeweiligen Relation.)*
- Welchen Gesamteindruck ergibt dieses Bild?
- Wie würden die beschriebenen Stakeholder dieses Bild zeichnen?
- Welche Ansatzpunkte für die Weiterarbeit ergeben sich daraus (z. B. in Richtung Kommunikation, Einbindung, Ressourcen etc.)

Für Theorie dazu siehe insbesondere:
Kap. 1.4 Die Organisation und ihre Umwelt, S. 19
Kap. 7.2.2 Die System-Umwelt-Differenz, S. 104

6.4 Tool 4: »Reflecting Team« (Hypothesen bilden)[3]

Fragen für Manager:

- Wie kriege ich Durchblick oder Orientierung in dieser komplexen Situation?
- Wie kann ich Zusammenhänge und Hintergründe besser verstehen?
- Was kann ich in einer Situation tun, in der wir wie in einem Teufelskreis immer wieder hängen bleiben?
- Was braucht es, um die Strategie erfolgreich zu implementieren?

In komplexen Situationen erhöht Nachdenken die Effizienz. Es geht darum, Annahmen, d. h. Hypothesen, zu bilden. Diese beziehen sich auf zwischenmenschliche Beziehungen und berücksichtigen die an der Handlung beteiligten Personen und Umstände. Hypothesen beleuchten das »Wie oder Wozu« einer Handlung, sie stellen Vermutungen über Funktionen und Wirkungen einer Handlung an: Was ist das Gute im Schlechten? Erfahrungsgemäß ist es anfangs schwierig, zwischen einer Problemdefinition und Hypothesen zu unterscheiden. Hypothesen beinhalten positive Beschreibungen – sie verweisen auf die Ressourcen, die auch in problematischen Situationen deutlich werden.

Und so geht's …

1) Machen Sie sich bewusst, dass bewusstes Verlangsamen – nur beobachten, ohne zu entscheiden – insbesondere für Manager schwer auszuhalten ist. Geben Sie der Methode daher einen Vertrauensvorschuss.
2) Definieren Sie den Fokus: Zu welcher Fragestellung wollen Sie unterschiedliche Sichtweisen für Hypothesen nutzen?

3 Die Ausführungen zum Reflecting Team basieren auf den grundlegenden Arbeiten von Tom Andersen (1990) und Hella Exner (2012).

3) Ausgehend von Ihrem gewählten Fokus: Wen brauchen Sie im Reflexionsteam, um möglichst vielfältige Perspektiven im Raum zu haben? Wer kann hier etwas beitragen? Starten Sie mit einer Person, die Ihnen sofort dazu einfällt und wählen Sie als Nächstes eine Person, die möglichst konträr zur ersten Person ist – z. B. in Bezug auf Hierarchieebene, Einheit, Kulturzugehörigkeit, Funktion/Rolle, Alter etc. Seien Sie bei der Gruppenzusammensetzung mutig: Hypothesenbilden lebt von den Unterschieden! Es empfiehlt sich eine Gruppengröße von mindestens acht Personen. Achten Sie darauf, dass die Mitglieder eine gute gemeinsame Sprachbasis haben!
4) Finden Sie eine passende Meetingstruktur. Hängen Sie ein Reflexionsteam nicht in eine bestehende Meeting-Struktur hinein – klassische Meetings sind entscheidungs- und handlungsorientiert. In Reflecting-Team-Meetings stehen der Austausch von Beobachtungen, das Bilden von Hypothesen sowie die Erarbeitung von Vorschlägen im Fokus. Es werden keine Entscheidungen getroffen! Nehmen Sie sich ausreichend Zeit – idealerweise mindestens vier bis sechs Stunden. Die Taktung ist abhängig von der Fragestellung und kann von vier bis sechs Wochen bis zu halbjährlich sinnvoll sein.
5) Bereiten Sie Ihre Meetings vor und nutzen Sie zumindest in der Anfangsphase einen Moderator, der Erfahrung in der Hypothesenbildung mit Gruppen hat. Als Vorbereitung ist es günstig, wenn die Mitglieder des Reflecting-Teams mit relevanten Stakeholdern Gespräche führen, um zusätzliche Informationen einzuholen.
6) Der Ablauf des Reflecting-Teams ist immer gleich entlang der Neuwaldegger Schleife (siehe Abb. 4, S. 33): Informationen/Beobachtungen austauschen – Annahmen und Hypothesen erkunden – Vorschläge für nächste Schritte/Interventionen entwickeln. Die Herausforderung besteht im ausschließlichen Arbeiten an Hypothesen und möglichen Handlungsoptionen, ohne in Lösungen und Entscheidungen überzugleiten. Hier ist der Moderator gefragt, diesen Prozess zu »schützen«.
7) Koppeln Sie die Erkenntnisse des Reflecting-Teams an Entscheidungsgremien des Managements: präsentieren Sie die

Hypothesen und Vorschläge, diskutieren Sie Ihre eigenen Resonanzen dazu und leiten Sie angemessene Entscheidungen daraus ab. Spielen Sie die abgeleiteten Entscheidungen dann auch wieder ins nächste Reflecting-Team zurück, um die Rückkoppelung sicherzustellen.

Und hier noch ein paar hilfreiche Tipps zum Bilden von Hypothesen:

- Spielen Sie mit alternativen Möglichkeiten! Täter werden zu Opfern. Glück wird zu Unglück. Alles hat zwei Seiten.
- Achten Sie auf die Beziehungen und Dynamiken zwischen Personen und nicht auf die Person selbst nach dem Motto »der/die ist eben so«.
- Wechseln Sie den Betrachtungsradius! Teile – Ganzes / Kurzfristig – Langfristig
- Bedenken Sie: Alles hat einen Nutzen – auch wenn er versteckt ist! (Funktionalität) Was ist das Gute im Schlechten? Was sind positive Beschreibungen und Ressourcen der Situation? Wer hat etwas davon, wenn es bleibt, wie es derzeit ist?
- Vergegenwärtigen Sie sich den Fluss der Zeit! Was hat die Gegenwart mit der Vergangenheit/möglichen Zukünften zu tun?
- Haben Sie Mut zur Unkonventionalität, zur Kreativität: Ein neuer Blick bringt neue Ideen.
- Achten Sie auf vorhandene Widersprüche! In welchen Mustern werden Konflikte balanciert?
- Übersetzen Sie Ihre Gedanken in Bilder, Metaphern. Analoge Sprache fängt auch latente Dimensionen mit ein.

Für Theorie dazu siehe insbesondere:
Kap. 2.3 Instrument der dynamischen Steuerung: Neuwaldegger Schleife, S. 31

7 Blick hinter die Kulissen: Ein kurzer Ausflug in die Theorie

Ein Grund, warum die Systemtheorie für uns faszinierend ist, besteht darin, dass sie stimmig ist und ihre Konzepte und Annahmen durchdacht sind. Es wird nicht, wie in weiten Strecken der Managementliteratur mit Begriffen und Unterscheidungen gearbeitet, die nicht weiter begründet werden. Und es wird nicht, wie vielfach in der Betriebswirtschaft oder Organisationstheorie, von Annahmen ausgegangen, die kaum zutreffen (wie die Rationalität von Entscheidungen, ein bestimmtes Menschenbild …). Luhmanns Systemtheorie ist oft sprachlich abstrakt und schwer zu lesen, doch dadurch werden ein anderer Blick und ein neues Verständnis ermöglicht.

Dieses Buch geht von der Managementpraxis und der Notwendigkeit, Entscheidungen zu fällen, aus. Es soll diesen anderen Blick eröffnen, ohne den Leser gleich mit der Theorie und den Annahmen dahinter zu »verschrecken«. Dies soll an dieser Stelle, soweit das in einem Einführungsbuch sinnvoll ist, nachgeholt werden. In diesem Kapitel werden wir nun einige zentrale systemische Unterscheidungen und Konzepte erläutern. Ziel ist, dass der Leser sie versteht und ein besseres Verständnis von den Ausführungen in den vorangegangenen Kapiteln bekommt.

7.1 Die Unterscheidung triviale vs. nichttriviale Maschine

Um die Wirkungsweise von systemischem Management zu verstehen, muss man das Bild der »trivialen und nichttrivialen Maschinen« verstehen, das der österreichische Physiker und Konstruktivist Heinz von Foerster entwickelt hat. Triviale Maschinen sind Maschinen, die auf zuverlässig vorhersehbare Weise reagieren und nach einem berechenbaren Input-Output-Modell funktionieren: Eine bestimmte Aktion löst eine immer gleiche, reproduzierbare Reaktion der Maschine aus (vgl. Abb. 19).

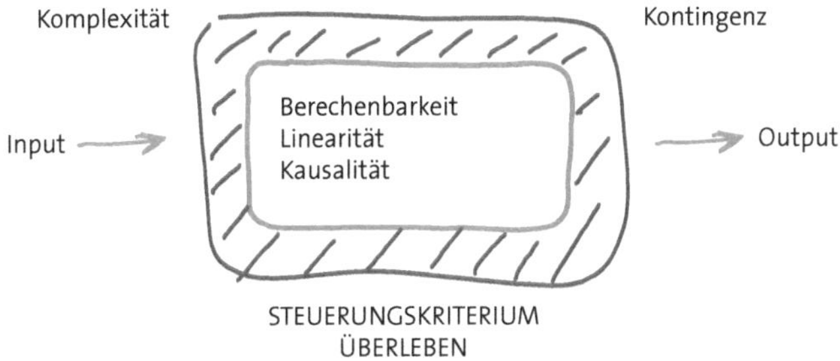

Abb. 19: Schema eines trivialen Systems (in Anlehnung an Willke 1996)

> »Eine triviale Maschine ist durch eine eindeutige Beziehung zwischen ihrem ›Input‹ (Stimulus, Ursache) und ihrem ›Output‹ (Reaktion, Wirkung) charakterisiert. Diese invariante Beziehung ist ›die Maschine‹. Da diese Beziehung ein für alle Mal festgelegt ist, handelt es sich hier um ein deterministisches System; und da ein einmal beobachteter Output für einen bestimmten Input für den gleichen Input zu späterer Zeit ebenfalls gleich sein wird, handelt es sich dabei auch um ein vorhersagbares System.« (von Foerster 1997, S. 206 f.)

Wenn Sie den Lichtschalter betätigen, geht das Licht an. Wenn Sie den Herd anschalten, wird die Herdplatte heiß. Wenn Sie den richtigen Schlüssel ins richtige Schloss stecken und drehen, können Sie die Tür aufschließen. Funktioniert einmal etwas nicht wie erwartet, kann die Fehlerquelle gefunden und beseitigt werden. Triviale Maschinen können repariert, Ersatzteile – etwa eine Glühbirne, eine Sicherung – getauscht werden. Ausreichendes Know-how vorausgesetzt, können Sie die triviale Maschine problemlos steuern. Die triviale Maschine überrascht Sie auch nicht mit neuen Erkenntnissen oder Funktionen: Sie kann nicht lernen und bleibt so durchschaubar, wie sie es immer war. Denn eine triviale Maschine kennt keine Vergangenheit, auf deren Erfahrungen sie ihre gegenwärtigen und künftigen Reaktionen aufbauen kann. Auch wenn Sie den Herd drei Wochen hintereinander täglich auf höchster Stufe betreiben, wird er sich nicht eines Tages denken, dass Sie's lieber heiß mögen – und unabhängig von Ihren Maßnahmen ordentlich aufheizen. Der Herd bleibt trivial und macht genau das, was Sie von ihm wollen.

Anders verhält es sich bei nichttrivialen Maschinen, oder sagen wir lieber gleich: bei nichttrivialen Systemen. Denn meist handelt es sich beim Bild der »nichttrivialen Maschine« gar nicht um eine Maschine im Wortsinn, sondern um ein System. Wer Kinder hat, wird sofort verstehen, was damit gemeint ist: Nicht jeder gut gemeinte Erziehungsversuch zeitigt die erwünschte Wirkung. Lebendige Systeme – »nichttriviale Maschinen« – haben »ihren eigenen Kopf«, in der Fachsprache Eigenlogik genannt. Welchen Output das System nach einem Input generiert, ist deshalb nicht zuverlässig vorhersehbar und nicht linear nachvollziehbar, vergleichbar mit den undurchschaubaren Vorgängen in einer »Blackbox« (vgl. Abb. 20).

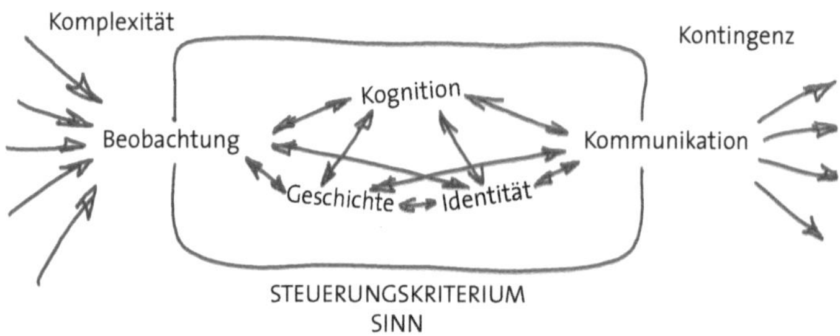

Abb. 20: Schema eines nichttrivialen Systems (in Anlehnung an Willke 1996)

Es gibt keinen Knopf, keinen Schalter, keinen Befehl, der verlässlich immer dasselbe Ergebnis hervorbringt. Ein Steuerungsversuch, der bei einem nichttrivialen System ein Mal eine bestimmte Wirkung erzielt hat, kann beim nächsten Mal eine gänzlich andere Reaktion bewirken. Von Foerster (1985) beschreibt deshalb die nichttriviale Maschine als »vergangenheitsabhängig«, da sie sich in ihren Operationen auf frühere Systemzustände bezieht. Dies wird auch als »pfadabhängig« bezeichnet, da ein bereits beschrittener Pfad einen weiter zu gehenden Weg wahrscheinlich macht und nahelegt, aber nicht bestimmt. Jeder Input verändert auch die innere Struktur, mit der der Output produziert wird.

Menschen und soziale Systeme, also auch Unternehmen, sind in diesem Sinn nichttriviale Maschinen, die sich durch Autonomie, Eigengesetzlichkeit und ein unkalkulierbares Komplexitätspotenzial auszeichnen. Ob Interventionen (Input) das vom Management beabsichtigte Ergebnis (Output) bringen, lässt sich daher nicht sicher prognostizieren. Eine Managementstrategie, mit der ein Manager in einer Abteilung bereits erfolgreich war, kann ihn in einer anderen Abteilung im gleichen Unternehmen scheitern lassen, wie beispielsweise den Verkaufsleiter, der die Sparte in einem Unternehmen wechselte, das ihm vertraute Teamprämiensystem auch dort einführte und damit kläglich unterging.

»Katzen über Borneo« sind ein Beispiel für Interventionen in ein lebendiges System. In den frühen 1950er-Jahren litt das Dayak-Volk, die indigene Bevölkerung der südostasiatischen Insel Borneo, unter einer Malariaepidemie. Die Weltgesundheitsorganisation (WHO) entwickelte eine Lösung. Große Mengen von DDT (Dichlordiphenyltrichlorethan, ein Insektizid) wurden versprüht, um die Moskitos als Malariaüberträger zu töten. Die Moskitos starben, und die Malaria ging tatsächlich zurück. Doch es gab eine Reihe unerwarteter Nebenwirkungen. Zunächst stürzten viele Hausdächer aus Stroh ein. Scheinbar hatte das DDT neben den Moskitos auch eine parasitäre Wespe getötet, die der natürliche Feind strohfressender Schädlinge war. Die DDT-vergifteten Insekten wurden von Geckos gefressen, die wiederum von Katzen gefressen wurden. Die Folge war ein Katzensterben, was zu einer Rattenplage führte. Die Leute wurden durch Ausbrüche von Flecktyphus und von der Pest bedroht. Um dieses selbstgeschaffene Problem wieder in den Griff zu bekommen, sah die WHO keine andere Möglichkeit, als 14.000 Katzen mit Fallschirmen über Borneo abzuwerfen. Diese Aktion ging als »Operation Cat Drop« in die Geschichte ein und verdeutlicht die komplexen Zusammenhänge und Wechselwirkungen in lebendigen Systemen (Wynberg a. Jardine 2000).

Management war lange – und ist es nach wie vor – implizit geprägt von Prinzipien des linearen kausalen Denkens und damit vom Bild der trivialen Maschine. Der Glaube an kausale Zusammenhänge (begriffen als eine Form des Determinismus), oft auch als mechanistisches Weltbild bezeichnet, lässt sich auf die griechische Philosophie (insbesondere den Atomismus[4]) zurückführen. Über lange Zeit manifestierte sich dieses Weltbild über die prominente Anwendung in den Naturwissenschaften. Insbesondere die Physik wurde durch das mechanistische Weltbild über Jahrhunderte geprägt (Newton'sche Mechanik). Erst seit etwa 100 Jahren zeigen sich hier deutliche Ablösungserscheinungen, beginnend mit Einsteins Relativitätstheorie, Heisenbergs Unschärferelation und neueren Erkenntnissen der Quantenmechanik. Trotzdem prägt der mechanistische, naturwissenschaftliche Zugang immer noch das Denken in vielen Disziplinen, insbesondere auch in der Betriebswirtschaft. Management folgt in dieser Logik einfachen technischen Prozessen, schlüssigen Input-Output-Relationen sowie eindeutigen Ursache-Wirkungs-Zusammenhängen. Symptomatisch dafür stehen die Diskussion um »richtige« oder »falsche« Entscheidungen von Managern, viele Budgetierungs- und Planungsprozesse oder Projektpläne.

Systemisch gesehen sind Organisationen keine trivialen Systeme. »Offenbar sind Organisationen nichtkalkulierbare, unberechenbare, historische Systeme, die jeweils von einer Gegenwart ausgehen, die sie selbst erzeugt haben« (Luhmann 2000, S. 9). Damit ist auch die schon beschriebene Pfadabhängigkeit (vieles ist in Zukunft möglich, doch manches ist aufgrund der Geschichte wahrscheinlicher als anderes) gemeint, die zum Ausdruck bringt, weshalb es sinnvoll ist, sich mit der Geschichte eines Systems zu beschäftigen.

Auch für Manager lohnt es sich, die Geschichte des Unternehmens genau zu betrachten, denn ein Weg zum besseren Verständnis führt über die Analyse des Lebenswegs von Organi-

4 Dieser beruht auf der Annahme, dass sich die Welt aus »a-tomos« (griechisch, nicht-teilbare Elemente) erklären lässt, die wie Bausteine zu verstehen sind.

sationen (Exner, Exner u. Hochreiter 2009). Der Blick in die Vergangenheit eröffnet Einsichten darüber, wie sich die Organisation zu dem entwickelt hat, was sie heute ist: Wie und warum haben sich bestimmte Handlungsmuster etabliert? Was hat die Organisation erfolgreich gemacht – oder eben nicht? Ganz ähnlich stützt der amerikanische Managementexperte Jim Collins (Collins u. Porras 2003) seine Unterscheidung von Qualitäten erfolgreicher und nicht erfolgreicher Unternehmen auf eine detaillierte Analyse der Unternehmensgeschichte. Eine derartige Betrachtung kann offenbaren, warum manche Managementmethoden in ihrer Entstehungszeit sinnvoll waren, heute aber nicht mehr den Unternehmenszielen dienen und nur noch aus Tradition oder Gedankenlosigkeit mitgeschleppt werden. Solche überkommenen Muster sollte man zumindest überdenken, wenn nicht sogar verändern, auch im Hinblick auf die Zukunftsfähigkeit der Organisation.

Die Beratergruppe Neuwaldegg trifft sich zu ihren internen Team-Tagen immer an jenem Dienstag im August, der auf den Neustifter Kirtag folgt, da dieses wichtige Wiener Gesellschaftsereignis bis einschließlich Montag Fixpunkt für einige Gesellschafter war. Mittlerweile haben diese Gesellschafter die Beratergruppe verlassen, doch an der Zeitplanung für die Team-Tage hat sich nichts geändert.

Dieses harmlose Beispiel illustriert, dass sich Gewohnheiten einschleichen können, die im besten Fall niemanden stören. Es gibt jedoch auch zahlreiche Beispiele, wo alte Traditionen zur Ineffizienz beitragen und das Unternehmen bremsen. Doch nicht nur mit veralteten Gepflogenheiten kann das Management durch die Analyse des Lebenswegs aufräumen. Die Suche nach dem roten Faden – den Regeln und Mustern – in der Unternehmensgeschichte kann Anhaltspunkte liefern, wie die Organisation tendenziell auf Irritationen und Veränderungsimpulse reagiert und was sich durch markante Umbrüche oder Krisen verändert hat. Stimmt das Management seine Entscheidungen nicht nur auf die strategischen Ziele, sondern auch auf diese Erkenntnisse ab, steigt die Wahrscheinlichkeit, dass die gewünschten Ergebnisse erreicht werden.

7.2 Merkmale lebendiger Systeme

Die Vorstellung von einer modernen Organisation ist, wie in Kapitel 5.1 gezeigt wurde, im 19. Jahrhundert entstanden. Dabei hat man sich, wie Luhmann beschreibt, ein Vorbild am Menschen genommen und sich ein ideales Individuum vorgestellt: »Eine Organisation solle rational und effizient arbeiten und wie ein Individuum entscheiden können, also von der Spitze aus hierarchisch strukturiert sein« (Luhmann 2000, S. 44). Diese Orientierung am Individuum hält er für irreführend und postuliert: Um das Spezifische von Organisationen zu verstehen, braucht man keine Individuen als Muster, denn: »Eine Organisation ist ein System, das sich selbst erzeugt« (ebda., S. 45). Er schlägt damit vor, die Selbstbezogenheit von Organisationen (Autopoiesis) als Ausgangspunkt der Überlegungen zu wählen (ebda., S. 49).

Im Wissen, dass dies eine drastische Verkürzung der Systemtheorie ist und die einzelnen Konzepte nur im Zusammenhang mit den anderen verstanden werden können, wollen wir hier die wesentlichen Begriffe von Luhmanns Organisationstheorie darstellen: Die Autopoiesis (Steuerungsmuster), die System-Umwelt-Differenz und die Kommunikation wurden bereits zu Beginn dieses Buches am Beispiel der Anfänge der Beratergruppe Neuwaldegg eingeführt (siehe Kap. 1.1). Diese werden hier ausgeführt und ergänzt durch das Konzept der *operationalen Geschlossenheit* und *strukturellen Koppelung* sowie das Konzept von *Sinn*. Diese fünf zentralen Begriffe verdeutlichen, wo die Systemtheorie nach Luhmann das Grundparadigma des Konstruktivismus (alles ist abhängig vom Beobachter) für die Betrachtung von Organisationen und insbesondere Kommunikation und Entscheidungen konkretisiert. Zudem liefern diese Konzepte ein differenziertes Bild für Management: zur »Steuerung« von Entscheidungen, der (un)möglichen Einflussnahme durch Management, der Bedeutung von Systemgrenzen, der Herausforderung gelingender Kommunikation und der Notwendigkeit von Sinnstiftung in Organisationen.

7.2.1 Autopoiesis (Steuerungsmuster)

Die beiden chilenischen Biologen Humberto Maturana und Francisco Varela (1984) haben dieses Konzept für lebendige Systeme entwickelt: Sie sind autopoietisch (griech.: »Selbstherstellung«) und operational geschlossen. Autopoiesis »bedeutet die Hervorbringung« (Baecker 2012, S. 46). Das heißt, Systeme organisieren nicht nur ihre internen Strukturen, sondern produzieren auch die Elemente, aus denen sie bestehen (durch die Elemente des Systems). Sie haben die Fähigkeit, sich selbst »herzustellen«. In einem biologischen System reproduzieren Zellen neue Zellen, im Bewusstsein Gedanken neue Gedanken, in einem sozialen System Kommunikationen Anschlusskommunikationen. Dabei können nur systemeigene Operationen anschließen (Zellen auf Zellen, Gedanken auf Gedanken, Kommunikation auf Kommunikation). Während bei einem Motor alle Einzelteile ineinandergreifen und den Motor am Laufen halten, kann der Motor seine Bestandteile nicht aus sich selbst heraus reproduzieren. Das unterscheidet triviale Maschinen von lebendigen, autopoietischen Systemen.

Da Autopoiesis der basale Funktionsmodus jedes sozialen Systems ist, können Systeme wohl unterschiedlich komplex, aber »nicht mehr oder weniger autopoietisch sein« (Luhmann 2000, S. 51). Doch die Art, in der sich ein System selbst herstellt, ist jedes Mal anders, und in diesem Sinn ist jedes System eine »Einmalerfindung der Evolution« (ebda., S. 50).

> »Der Begriff [Autopoiesis, Anm.] fasziniert, weil er es erlaubt, die Beobachtung des hochgradigen Raffinements der Reproduktion eines Systems in seiner Umwelt (Nische) mit der Beobachtung der Blindheit dieses Systems für alles andere zu kombinieren« (Baecker 2012, S. 47).

Soziale Systeme erzeugen sich durch Kommunikation, Organisationen durch (die Kommunikation von) Entscheidungen. Sie sind, wie Luhmann so schön schreibt, »Selbstversorger« von

Entscheidungen (Luhmann 2000, S. 69). In Organisationen heißt das: Entscheidungen haben keinen anderen Bezugspunkt als vorherige Entscheidungen der Organisation. Dies bedeutet nicht, dass in Organisationen nur Entscheidungen und keine Vorgespräche, Gerüchte, privaten Gespräche usw. stattfinden. Doch »[...] alles, was sich innerhalb der Organisation nicht als Entscheidung darstellen lässt, gewinnt seine Relevanz und sein Profil im Hinblick auf die Organisation nur daraus, dass es *keine* Entscheidung ist, also doch irgendetwas mit Entscheidungen zu tun hat« (Baecker 1994, S. 158).

Dies kann wieder am Beispiel des Start-ups Neuwaldegg verdeutlicht werden. Nicht nur, weil in der Küche eine gute Espressomaschine steht, trifft man sich gerne dort, es wird auch viel gesprochen, über Parkplatzprobleme, Kinder und Kollegen, Urlaube, Musik und Literatur. Relevant für die Organisation sind jedoch allein Entscheidungen (selbst wenn sie in der Küche getroffen werden). Dies sind u. a. Festlegungen in Beratungsangeboten, Raum- und Personalfragen, und alle Entscheidungen beziehen sich auf vorangegangene Entscheidungen, wie beispielsweise die Gründungsintention, dahinterliegende Visionen und Werte der Gründer.

7.2.2 Die System-Umwelt-Differenz

Jedes System benötigt Grenzen, also eine Unterscheidung, was Teil des Systems ist und was nicht. Es muss unterschieden werden, welche Entscheidungen dem System zuzurechnen sind und welche nicht. Luhmann nennt dies Reflexion – *eine* Form der Selbstreferenz. Diese Differenz zur Umwelt muss wiederum durch Entscheidungen aufrechterhalten werden. Diese Grundannahme führt dazu, dass davon auszugehen ist:

- dass Systeme nicht nur ihre Grenzen ziehen, sondern auch ihre eigenen Umwelten schaffen (Luhmann 1984, S. 146). »Das System stellt sich zum Beispiel vor, es habe ›Kunden‹, obwohl die so bezeichneten Personen kaum (oder nur mit wenigen Ausnahmen, Porschefahrer vielleicht) sich selbst als Kunde eines bestimmten Unternehmens beschreiben [...]

würden« (Luhmann 2000, S. 239; vgl. auch Weick 1985, S. 326).

- »dass die Umwelt immer sehr viel komplexer ist als das System selbst« (Luhmann 1984, S. 249) und sich dadurch ein Komplexitätsgefälle ergibt. Das Komplexitätsgefälle bedeutet, dass Systeme sich in einem permanenten Zustand der Verunsicherung (es könnte ja etwas Wichtiges übersehen worden sein) befinden, die verarbeitet werden muss (ebda., S. 184 ff.). March und Simon (1958) haben dafür den Begriff der *Unsicherheitsabsorption* geprägt. Dieser Begriff macht darauf aufmerksam, was Organisationen ständig leisten müssen, um Unsicherheit abzubauen.
- dass Systeme ihre Grenzen »selbstreferenziell« ziehen, also immer mit Bezug auf die eigenen inneren Strukturen. Die Grenzziehung erfolgt durch Entscheidungen, die sich an anderen Entscheidungen orientieren. Daraus folgt: Nicht die Umwelt, sondern das System legt die Grenzen fest.
- dass jedes System auch an seine Umwelten strukturell gekoppelt und daher nur im Zusammenhang mit den Umwelten zu verstehen ist. Die spezifischen Umwelten bilden die Nische der Organisation (angesichts der unendlichen Vielfalt anderer Systeme/Nischen) oder das »Milieu« (Luhmann 2000, S. 53) des Systems.

Für das Management ist diese Unterscheidung höchst bedeutsam, da die »Pflege« der System-Umwelt-Grenze eine der Hauptaufgaben jedes Managements ist. Wie ist die Grenze zu ziehen? Was ist unsere relevante Umwelt? Wie können Entscheidungen helfen, mit Unsicherheit umzugehen?

7.2.3 Kommunikation

Der Kommunikationsbegriff ist zentral in der systemtheoretischen Betrachtung von Organisationen. Und seine Definition unterscheidet sich grundlegend vom alltagsüblichen Verständnis. Kommunikation wird nicht als Handlung einzelner Menschen verstanden, sondern als »Prozessieren von Selektion«, das zwei oder mehr Akteure koppelt (Luhmann 1984, S. 194). Es geht also nicht um die Übertragung von Information von einem

Sender an einen Empfänger. Vielmehr geht es um die Koordination von Akteuren und ihren Aktionen. Dies erfolgt durch die wechselseitige Interpretation des beobachteten Verhaltens (Simon 2009, S. 21).

Kommunikation »kommt zustande durch eine Synthese von drei verschiedenen Selektionen – nämlich Selektion einer *Information*, Selektion der *Mitteilung* dieser Information und selektives *Verstehen oder Missverstehen* dieser Mitteilung und ihrer Information« (Luhmann 1988, S. 21 f.).

Erst das Verstehen durch den Empfänger führt die Unterscheidung von Mitteilung und Information ein. Nur wenn der Empfänger versteht, dass ein bestimmtes Verhalten einen Informationsgehalt für ihn hat, führt das zu Kommunikation. Wird diese Unterscheidung nicht vollzogen, entsteht kein Unterschied zum bloßen Wahrnehmen des Verhaltens anderer (Simon 2008, S. 93). Wenn Ihnen am Flughafen jemand zuwinkt, den sie nicht kennen, werden Sie sich vermutlich zuerst einmal umdrehen und prüfen, ob das Winken jemand anderem hinter ihnen gilt. Erst wenn sie verstehen, dass in diesem Winken eine Information für Sie stecken soll – z. B. weil die Person ihre soeben verlorene Geldbörse aufgehoben hat – findet Kommunikation statt, und es kann Anschlusskommunikation folgen. Sie müssen dem beobachteten Verhalten des anderen Sinn zuschreiben. Niemand kann vorhersagen oder bestimmen, wie andere auf sein eigenes Verhalten reagieren oder es verstehen. Nur über die Interpretation des Anschlusshandelns kann man ablesen, ob man verstanden worden ist oder nicht (Luhmann 1984, S. 226). Wenn Sie nicht auf das Winken der Person reagieren, wird diese rasch merken, dass Sie ihre Signale nicht verstehen. Oder wenn Sie als Manager bestimmte Strategien oder Ziele intensiv kommunizieren und nach einiger Zeit erkennen, dass diese bei Ihren Mitarbeitern nach wie vor als völlig unklar oder wenig bekannt beschrieben werden. Dies wird von Luhmann als »doppelte Kontingenz« bezeichnet: Jeder Kommunikationsteilnehmer muss damit rechnen, *dass es so, aber immer auch ganz anders oder gar nicht verstanden werden könnte*. Damit ist das Nichtgelingen von Kommunikation als Normalfall anzusehen.

7.2.4 Operationale Geschlossenheit und strukturelle Koppelung

Operationale Geschlossenheit geht auf Annahmen des Biologen Humberto Maturana zurück, die er aus Experimenten ableitete. Er beobachtete mithilfe von Elektroden die neuronale Aktivität von Versuchstieren, während er ihnen Farbkarten und Lichtreize präsentierte. In seinen Experimenten konnte er keine durchgängige Korrelation von Außenweltreizen und neuronalen Zuständen nachweisen. Stattdessen konnte Maturana stabile Korrelationen zwischen Zuständen verschiedener Zellen *innerhalb* des Nervensystems feststellen. Die Schlussfolgerungen Maturanas waren radikal und von großer Tragweite: Das Nervensystem eines Organismus interagiert nicht mit Objekten, die in der Außenwelt wahrgenommen werden, sondern lediglich mit seinen internen Zuständen. Es bezieht sich in seinem Operieren immer nur auf sich selbst. Allerdings bedeutet dies keine vollständige Abgeschlossenheit des Systems von seiner Umwelt. Um existieren zu können, muss das System offen sein für den energetischen Austausch mit seiner Umwelt.

Diese Kombination von informationeller Geschlossenheit und gleichzeitiger energetischer Offenheit nennt Maturana operationale Geschlossenheit (von Ameln 2004, S. 64 f.). Operationale Geschlossenheit meint, dass Operationen eines Systems nicht an Operationen eines anderen Systems anschließen können, aber dennoch in Austausch mit ihrer Umwelt stehen. Dieses Konzept übertrug Niklas Luhmann auf soziale Systeme. Er beschreibt die Geschlossenheit von Systemen als die »Bedingung der Möglichkeit für Offenheit« (Luhmann 1987, S. 606). In Organisationen können Entscheidungen nur an vorherige Entscheidungen der Organisation anschließen. Der Austausch mit Umwelten und die Aufrechterhaltung der Systemgrenzen wird in sozialen Systemen über das Medium »Sinn« gesteuert (siehe Kap. 7.2.5).

Autopoietische Systeme stellen alles, was sie als Einheit verwenden, selbst als Einheit her und benutzen dabei rekursiv die Einheiten, die im System schon konstituiert sind (Luhmann 1987, S. 602). Damit sind sie notwendigerweise geschlossene Systeme.

Folgt man den Annahmen der operationalen Geschlossenheit, hat dies fundamentale Auswirkungen darauf, wie Management und Beratung gedacht werden: Es ist keine Beeinflussung oder Instruktion von außen möglich. Bestenfalls erreicht man eine Irritation, die im System weiterverarbeitet werden und Veränderung bewirken kann.

Mit dem Konzept der operationalen Geschlossenheit taucht noch eine weitere Frage auf. Wenn der Mensch nicht Teil der Organisation ist, wie stehen dann Mensch (lebende Systeme) und Organisation (soziale Systeme) miteinander in Beziehung? Maturana und Varela (1984) führen für die Verknüpfung unterschiedlicher Systeme den Begriff der *strukturellen Koppelung* ein. Er beschreibt das Verhältnis eines Systems zu den Umweltvoraussetzungen, die es für seinen Fortbestand braucht. Im Falle von Organisationen sind dies Menschen. Organisation und Mensch sind systemtheoretisch betrachtet strukturell gekoppelt. Menschen sind Gedächtnis und Handlungsträger von Organisationen und notwendige Voraussetzung für Kommunikation und damit das Überleben von Organisationen. Dies nennt Luhmann Interpenetration und beschreibt es als eine Form der strukturellen Koppelung. Mensch und Organisation bedingen sich wechselseitig. Keines dieser strukturell gekoppelten Systeme könnte ohne das andere existieren: Kommunikation setzt Bewusstsein voraus. Insofern steht der Mensch zwar außerhalb der Organisation, ist aber gleichzeitig notwendige Voraussetzung für die Existenz derselben. Die Koppelung selbst erfolgt über das Medium Sinn: Sowohl psychische als auch soziale Systeme agieren damit, und somit wird diese wechselseitige Bezugnahme erst möglich.

7.2.5 Sinn

Die anderen Begriffe kurz zu erläutern ist schon schwierig, bei Sinn wird das ein fast unmögliches Vorhaben. Luhmann schreibt zu Beginn seiner Ausführungen zu diesem Kapitel, dass eine Definition von Sinn »[…] dem Tatbestand nicht gerecht werden […]« würde (Luhmann 1984, S. 93) und umkreist, zerlegt und erforscht den Begriff auf fast sechzig Seiten. Doch auch wenn Sinn ein sehr abstrakter Begriff ist, ermöglicht er überhaupt erst beispielsweise Kindererziehung, Mitarbeiterführung, Coaching und Psychotherapie. Denn diese und viele andere Funktionen arbeiten mit Möglichkeiten von Sinn. In anderen Worten: Dinge passieren uns nicht nur, oder wir handeln einfach, sondern sie müssen auch Sinn ergeben. Ihnen muss von den Akteuren Sinn zugeschrieben werden.

Erst wenn Ereignisse in einen Sinnzusammenhang gestellt werden, bekommen sie Bedeutung. Die Sinnzuschreibung zu ein und derselben Tatsache kann sehr verschiedenartig sein, wie das berühmte Beispiel des halb vollen oder halb leeren Glases zeigt. Erziehung, Führung u. a. »arbeiten« mit diesen Sinnangeboten. Durch sie können Ereignisse in einen (neuen) Rahmen gestellt (die Psychologie nennt dies Reframing) oder ihnen eine andere Bedeutung gegeben werden, ganz nach dem Milton Erickson zugeschriebenen Satz: »Es ist nie zu spät für eine glückliche Kindheit«. Der US-amerikanische Psychiater und Vorreiter der Hypnotherapie meinte damit, dass selbst eine schwierige Kindheit durch eine andere Betrachtungsweise eine neue – schönere – Bedeutung bekommen könne. Anders gesagt: Wenn dem scheinbar Sinnlosen ein neuer Sinnzusammenhang abgewonnen werden kann, kann dies stärkend auf die Betroffenen wirken (vgl. insbesondere Frankl 1972).

Sinn ist eine Errungenschaft der Evolution und unterscheidet psychische und soziale Systeme von allen anderen, auch lebenden Systemen. »Psychische und soziale Systeme sind […] an Sinn gebunden und können nur auf der Basis von Sinn operieren« (von Ameln 2004, S. 114). Sinn gehört zu den Grundbegriffen der Theorie Luhmanns. Er bezieht sich hier auf die Phänomenologie Edmund Husserls. Nach der philosophischen Richtung der Phänomenologie (griech.: phainómenon = »Erscheinung, Sichtbares« und lógos = »Rede, Lehre«) »erscheinen« Dinge nicht einfach so, sondern nur sinnhaftig. Wir nehmen sie überhaupt erst wahr, wenn sie für uns Sinn ergeben. »Sinn ist ›angesonnen‹ oder ›hinbeobachtet‹« (Fuchs 2004, zit. nach Emlein 2012, S. 372). Dadurch erhält die Welt Be-Deutung.

> »Der Sinn, den die Welt (›Welt an sich‹) angesonnen bekommt, ist die aktuelle Auswahl aus potenziellen Alternativen. Sinn kann daher – anders als Wahrnehmung – negiert werden. Sinn porträtiert nicht Welt, er formiert sie.« (Emlein 2012, S. 372)

Sinn ist immer eine Auswahl, denn man kann »der Welt« auch eine andere Bedeutung, einen anderen Sinn beimessen: Über die Sinnhaftigkeit mancher Entscheidungen lässt sich ja schließlich trefflich streiten. Sinn bezieht sich als Unterscheidung auf anderen, in diesem Fall nicht gewählten Sinn. Für ein 100-Milliliter-Gefäß mit 50-Milliliter-Inhalt kann nach Beobachtung der Fakten der Inhalt als halb voll oder halb leer bewertet werden. Wählt man halb voll, entscheidet man sich gleichzeitig für einen *Unterschied*, nämlich das Gefäß nicht als halb leer zu sehen. D. h., Sinn bezieht sich mehr auf anderen Sinn und weniger auf *die* Realität. Sinn ist nichts Festes, sondern er fließt. Für das Verhältnis von System und Umwelt »[...] wird Sinn zur Weltform und übergreift damit die Differenz von System und Umwelt. Auch die Umwelt ist für sie in der Form von Sinn gegeben, und die Grenzen zur Umwelt sind Sinngrenzen, verweisen also zugleich nach innen und nach außen. Sinn überhaupt und Sinngrenzen insbesondere garantieren dann den unaufhebbaren Zusammenhang von System und Umwelt [...]« (Luhmann 1984, S. 95 f.). Diesen Zusammenhang stellt Sinn in einer eigentümlichen, selbstreferenziellen Form her: »Sinn trägt sich selbst, indem er seine eigene Reproduktion selbstreferenziell ermöglicht« (ebda., S. 141).

Luhmann nutzt die Unterscheidung von Sach-, Zeit und Sozialdimension, um die Differenzierungen, die Sinn ermöglichen, zu beschreiben. In der Sachdimension unterscheidet Sinn zwischen »diesem« und »anderem« oder, wie Luhmann (ebda., S. 114) es auch bezeichnet, zwischen »innen« und »außen«. »Vorher« und »nachher«[5] konstituieren die Zeitdimension und

---

5 »Von *Reflexivität* (prozessualer Selbstreferenz) wollen wir sprechen, wenn die Unterscheidung von *vorher* und *nachher* elementarer Ereignisse zugrunde liegt. [...] Von *Reflexion* wollen wir sprechen, wenn die Unterscheidung von *System* und *Umwelt* zugrunde liegt.« (Luhmann 1987, S. 601)

ermöglichen damit, Vergangenheit, Gegenwart und Zukunft zu denken. Und in der Sozialdimension wird zwischen »Ego« und »Alter Ego« unterschieden. »Das heißt: Man kann allen Sinn daraufhin abfragen, ob ein anderer ihn genau so erlebt wie ich oder anders« (ebda., S. 119).

Luhmann nutzt die drei Dimensionen zur Analyse. In der Realität treten sie immer gemeinsam auf und »stehen unter Kombinationszwang« (ebda., S. 127). Historisch gesehen allerdings driften sie immer weiter auseinander. Dies macht Sinnbildung zunehmend anspruchsvoller, da es keine »Kompaktannahmen, die an alle Dimensionen zugleich binden […] keine Gesamtformel des Guten und Richtigen mehr […]« (ebda., S. 134) gibt. D. h., früher lagen die Erklärungen, was als sinnhaft auf den drei Ebenen verstanden wurde, enger beieinander. Was heute sachlich Sinn ergibt, ergibt immer weniger *automatisch* sozial Sinn, weil die Weltbilder und Glaubenssysteme der Beteiligten weiter auseinanderliegen und auch die Zeit unterschiedlich erlebt wird. Dies lässt sich leicht an der Integration von Migranten ablesen und der Art und Geschwindigkeit, in der diese stattfinden soll. Dieses Auseinanderdriften der Sinndimensionen ermöglicht aber auch das Durchbrechen der Selbstreferenz. Durch Asymmetrien auf der Sach-, Zeit- oder Sozialdimension bieten sich für neue Operationen mehr Möglichkeiten anzuschließen.

Sinn ist immer wieder auch für vergangene Ereignisse zu bilden. Auch deshalb werden immer neue Geschichtsbücher geschrieben, selbst wenn keine neuen »Fakten« hinzugekommen sind. Sinn wird hier als »Nachtrag« (Emlein 2012, S. 374) geliefert. Psychische und soziale Systeme brauchen Sinn – für ihre Autopoiesis, für die Handhabung der System-Umwelt-Differenz, für ihre Identität. Das heißt: »Sinn ist nur systemisch zu haben« (ebda., S. 374).

Auch für Organisationen gilt, dass Sach-, Sozial- und Zeitdimensionen weiter auseinanderdriften, und es immer seltener (oft nur in existenziell bedrohlichen Krisen) einen alle Dimensionen verbindenden »Case for Action« gibt (Weick 1995). Wie viele Entscheidungen oder Projekte werden von den eigenen Mitarbeitern als sinnlos erlebt? Sinnlos bedeutet in diesem Fall, dass

Mitarbeiter ihnen einen anderen Sinn als z. B. Karriereambitionen zuschreiben. So ist denn heute der hohe Bedarf an Zukunftsbildern und Visionen von Organisationen besser zu verstehen. Auch das Bedürfnis, Gründungsmythen zu erzählen und erzählt zu bekommen ist stark ausgeprägt. Mehr denn je ist Management »Sinnveränderungsmanagement« (Emlein 2012, S. 134).

7.3 Und wozu das Ganze? (»Nichts ist so praktisch wie eine gute Theorie«)

Warum sollten Manager sich mit Theorie beschäftigen und Bücher wie dieses lesen? »Wer weiß, was er wann wie zu tun hat, braucht keine Theorie. Oder anders formuliert: Wer den Weg kennt, braucht keine Landkarte« (Simon 2012, S. 7). Landkarten braucht man dann, wenn man sich auf unbekanntem Terrain bewegt. Genauso verhält es sich mit Theorien. Sie sind dann hilfreich, wenn bewährte Routinen plötzlich nicht mehr die gewünschte Wirkung erzielen; dann, wenn man anfängt, sich Fragen zu stellen – was, weshalb, warum gerade so? Wenn die bisherigen Erklärungsansätze nicht mehr weiterführen, braucht man Landkarten – Theorien –, um sich zurechtzufinden.

Theorien versetzen uns in die Perspektive des Beobachters und führen neue Beobachtungskategorien ein. Beobachtungskategorien helfen uns, bisher blinde Flecken und Zusammenhänge zu verstehen und eröffnen damit neue Handlungsoptionen. Theorien werden handlungsleitend. Kurt Lewin (1963) – einer der Pioniere der Gruppen- und Veränderungsforschung – wird folgender Satz zugeschrieben: »Nichts ist so praktisch wie eine gute Theorie.«

Ein Beispiel dafür ist die Arbeit mit der »Leadership Pipeline« (Charan, Drotter a. Noel 2011) im Rahmen von Führungskräfteentwicklung in Organisationen. In diesem Modell geht es bei der Entwicklung von Führungskräften nicht mehr *nur* um ein »mehr und zusätzlich« an Kompetenz. Anstatt der Annahme, dass Führungskräfte mit jeder Hierarchiestufe »besser kommunizieren«, »besser Bilanzen lesen« oder »noch effizienter mit ihrer Zeit umgehen« müssen, geht es ebenenspezifisch darum, anderes zu können (umzulernen) und manche – bisher bewährten Verhaltensweisen – gar nicht mehr zu tun (zu verlernen). Die konsequente Umsetzung dieses Modells macht unserer Erfahrung nach einen bedeutenden Unterschied für die Praxis der Führungskräfteentwicklung. Erst durch die gezielte Auseinandersetzung mit spezifischen Anforderungen an Führung je Ebene wird eine passgenaue Führungskräfteentwicklung möglich. Damit wird die Grundlage für Führungsleistung in der Organisation geschaffen.

Die Geschichte der Theoriebildung zu Management und Organisation hat gezeigt, dass es nie die eine einzig richtige Theorie gab, so sehr man sich das gewünscht haben mag und so vehement manche Autoren dies behauptet haben. Bis heute gibt es viele Theorien zu Management, von denen sich viele widersprechen, und das wird wohl auch so bleiben. Alle Versuche, sie zu vereinheitlichen oder auf einen gemeinsamen Nenner zurückzuführen, sind gescheitert (vgl. beispielhaft Goethals a. Sorenson 2006). Es ist nicht, wie lange angenommen, ein Fehler der Wissenschaft, sondern ein Merkmal sozialer – nichttrivialer – Systeme und damit auch des Managements. Diese Einsicht beruht auf:

- der Vielfalt des Themas (Organisationen im Verhältnis zu ihrer Umwelt, Strukturen und Prozesse, Personen, die verschiedenen Zwecke von Organisationen …);
- den unterschiedlichen Perspektiven, die zu Organisationen eingenommen werden können, wie dies die unterschiedlichen Bilder (siehe Kap. 1.2) zum Ausdruck bringen;
- den verschiedenen Methoden, mit denen Organisationen beforscht werden (Kieser u. Ebers 2006, S. 34 f.).

Die Auseinandersetzung mit dem eigenen Theorieverständnis ist auch eine wichtige Form der Selbstreflexion des eigenen »Blicks auf die Welt«. In einem komplexen Umfeld kann es per definitionem nicht das *eine* richtige Modell geben: Eine »VUCA-Welt« (Volatility, Uncertainty, Complexity, Ambiguity), die von Unbeständigkeit, Unsicherheit, Wechselwirkungen und Mehrdeutigkeit geprägt ist, braucht eine Theorie als Erklärungsraster, die dies berücksichtigt. Viele klassische betriebswirtschaftliche Theorien im Management setzen das Gegenteil voraus, nämlich Rationalität, Stabilität, vollständige Information.

Was heißt das nun für das Management? Die Systemtheorie ergänzt und unterstützt andere Theorien und kann kein Erklärungsmonopol beanspruchen. Sie hat, wie wir zu zeigen bestrebt sind, in vielen Bereichen des Managements großes Erklärungspotenzial. Dies äußert sich darin, dass sie:

- die Anzahl der Handlungsoptionen erhöht;
- den Druck nimmt, die einzig richtige Vorgehensweise zu finden;
- dabei unterstützt, »neutraler« darüber nachzudenken, was in der jeweiligen Situation hilfreich sein könnte;
- immer wieder einlädt, sich zu wundern und zu erforschen, wie vielfältig die Welt sein kann;
- nicht die möglichst genaue Identifizierung des Problems bezweckt, sondern mit Lösungsoptionen spielt;
- weg von einer Schuldigensuche führt, dadurch Personen entlastet und den Fokus mehr auf Interaktionen/Kommunikation zwischen Personen und auf interpersonale Aspekte lenkt.

7.4 Systemtheorie: Unterscheidungen, die einen Unterschied machen …

Die Systemtheorie ist ein Modell, das sich von anderen Zugängen dadurch unterscheidet, dass sie:

- nicht von harten Fakten ausgeht, also auch nicht deren Gesetzmäßigkeiten erforscht und universale Prinzipien aufstellen will.
- nicht den Status quo kritisiert und die soziale Wirklichkeit gerechter gestalten und auf ein normativ vorgegebenes Ziel hin verändern will.

Die Systemtheorie ist den sogenannten interpretativen Theorien zuzuordnen. Sie will in erster Linie verstehen, wie etwas funktioniert, und geht daher mit Wertungen und Verallgemeinerungen vorsichtig um. Statt zu werten oder universelle Gesetze abzuleiten, schlägt sie vor, sich immer wieder zu fragen: Wozu soll das gut sein? Und könnte dies nicht ganz anders sein? (Martens u. Ortmann 2006, S. 427).

Die erste Frage – wozu soll das gut sein? – ist eine Frage nach der Funktion. Es wird also nicht nach einer Begründung, nicht nach dem »Warum« gesucht, sondern der Blick richtet sich nach vorne und fokussiert auf die Wirkung. Wozu brauchen wir Organisationen in unserer Gesellschaft? Welche Funktion erfüllen sie? Für welches Problem soll Management eine Lösung sein?

Die zweite Frage – könnte dies nicht ganz anders sein? – zielt auf das, was Luhmann als das »Kardinalproblem« moderner Gesellschaften empfand: auf den Umgang mit Komplexität oder, wie es Systemiker ausdrücken, auf das Phänomen der Kontingenz. Mit Kontingenz wird die »Überfülle an Möglichkeiten« beschrieben. Eine Situation ist so unbestimmt, d. h. so unterdeterminiert, da sie sich so oder auch ganz anders weiterentwickeln könnte. Diese Unbestimmtheit charakterisiert unsere Gesellschaft, die Organisationen, das Management und führt zu einem Selektionszwang. Man muss sich z. B. entscheiden, welche Interpretation einer Geste man wählt, welche Bedeutung man einer Bemerkung in einem bestimmten Tonfall zuschreibt usw. Kontingenz verlangt nach Entscheidungen. Nichts ist mehr von vorneherein festgeschrieben: Zum Beispiel legt die Herkunft nicht mehr zwingend fest, was aus den Kindern wird, oder die Umwelt legt nahe, aber eben nicht fest, wie eine Organisation aufzubauen ist. Oder das Management kann auf den Marktrückgang reagieren, indem es die Preise senkt, es kann aber auch etwas anderes machen, wie beispielsweise die Qualität abzusichern und längerfristige Verträge zu schließen.

Salopp ausgedrückt: Nix ist fix. Und wenn das so ist, ist es spannend zu sehen, wie Systeme damit fertig werden. Sie müssen laufend Entscheidungen treffen und die Komplexität reduzieren, indem sie aus der Fülle der Möglichkeiten auswählen. Daher ist es nicht verwunderlich, dass Luhmann sich so intensiv mit Organisationen beschäftigt hat, denn diese haben besonders gut gelernt, mit Komplexität fertigzuwerden – und sie damit wieder zu steigern. In anderen Worten: Moderne Gesellschaften sind ohne Organisationen nicht denkbar und umgekehrt.

Um Fragen nach der Funktionsweise, den Alternativen und nach dem Umgang mit Komplexität stellen zu können, musste die Systemtheorie einen längeren Weg gehen. Dieser soll hier kurz anhand von drei wichtigen Unterscheidungen beschrieben werden: »Teil und Ganzes«, »System und Umwelt« und »Identität und Veränderung«. Unterscheidungen, die auch heute noch für das Management hilfreich sind (siehe Tab. 4).

Die Differenz *Teil/Ganzes* ist die älteste Unterscheidung und war schon den alten Griechen geläufig. Sie bezieht sich auf die Beobachtung, dass das Ganze mehr ist als die Summe der Teile – die »Emergenz sozialer Systeme«. Daher ist es sinnlos, ein System aus seinen Elementen erklären zu wollen. Dies wäre so, als ob Sie das beliebte Familienspiel »Mensch ärgere dich nicht« über die mitspielende Großmutter, Enkelin und sich selbst zu erklären versuchten. Man kann ein Spiel nicht anhand seiner Spieler und ihrer Charakteristika erklären. Genauso wenig kann man ein Unternehmen durch seine Mitarbeiter oder Führungskräfte oder durch seine Produkte erklären. Ein Spiel versteht man anhand seiner Spielregeln und soziale Systeme anhand ihrer Muster. Abgesehen davon gelten für die Systemtheorie nicht Personen und Produkte als Elemente eines Systems, sondern Kommunikation und im Fall von Organisationen die Kommunikation von Entscheidungen. Organisationen versteht man dann, wenn man das Muster ihrer Entscheidungsfindung und -umsetzung versteht.

Die zweite Unterscheidung in der historischen Reihenfolge (eine Entdeckung des 20. Jahrhunderts) ist die *System-Umwelt*-Differenz. Jedes System besteht nur im Kontext seiner Umwelt. Es muss sich von dieser abgrenzen und mit dieser entwickeln.

Ebenen der Systembeschreibung und Fragen für Manager		
Ebenen der Systembeschreibung	**Zentrale Widersprüche**	**Einige Fragen für Manager**
Teil/Ganzes	Differenzierung und Integration Zentralisierung und Dezentralisierung	Welche werden als wichtige Unterschiede wahrgenommen? Welche sind die zentralen Werte des Systems? Wer oder was steht für das Ganze? Womit steuert das System seine Teile? Welche Funktionen übernehmen Verantwortung für das Ganze? In welcher Form? (z. B. Holding vs. operative Ländereinheiten; Ziel- und Anreizsysteme: Boni für Individual- oder Organisationsziele)
System/Umwelt	Komplexitätsaufbau und -reduktion Innen- und Außenorientierung	Wovon will sich das System unterscheiden? Welche Umwelten gelten als relevant? Wie spiegelt sich das in den internen Strukturen wider? Wie geht die Organisation typischerweise mit Komplexität um? (z. B. Beharrung: Wir verlassen uns auf Altbekanntes/Fokusverlust: Wir gehen vielfältigsten Impulsen nach/Sprunghaftigkeit: Wir verfolgen was Neues, gehen zurück auf Altes, wechseln wieder) Wie wird die System-Umwelt-Differenz gehandhabt? (z. B. Umgang mit sozialen Medien, Open Source/Innovation, Crowd-Phänomene)
Identität/Differenz	Kontinuität und Veränderung Selbst- und Fremdsteuerung	Was ist das Muster (die Melodie) der Organisation? Auf welche Art von Entscheidungen reagiert die Organisation und wie? Was sind wesentliche Ereignisse in der Geschichte der Organisation (Lebensweg)? Wie anschlussfähig ist das Management, und wodurch wird es wirksam? Wie viel Andersartigkeit verträgt/benötigt die Organisation für die Weiterentwicklung?

Tab. 4: Ebenen der Systembeschreibung und Fragen für Manager (in Anlehnung an Boos 1991, S. 124)

Wenn ein System sich nicht abgrenzt, stirbt es den Komplexitätstod, wenn es sich komplett und dauerhaft abschottet, wird es irgendwann mit den Entwicklungen in seinen Umwelten nicht mehr mithalten können. Vor Luhmann wurden Systeme als offene, soziotechnische Systeme gedacht, in intensiven Austauschbeziehungen mit ihren Umwelten. Die Umwelten prägen, aber bestimmen nicht das jeweilige System. Luhmann fragt nun: Wie steuert ein System diesen Austausch? Die Steuerung muss doch eine Eigenleistung des Systems sein und kann nicht aus der Umwelt kommen. Damit stellt er das gängige Verständnis von Systemen auf den Kopf – Systeme sind an diesem Punkt nicht offen, sondern geschlossen (siehe Kap. 7.2.4) – und dies führt eine neue Differenz ein – die der *Identität/Veränderung*.

Wie ist die Differenz *Identität/Veränderung* zu verstehen? Damit Systeme in einer sich ständig verändernden Welt überleben können, müssen sie sich ebenfalls verändern. Dadurch steuern sie ihr Überleben und ihre Identitätsbildung. Doch wie oder was entscheidet, ob Impulse aufgenommen werden? Dies ist eine Frage der inneren Strukturen des Systems. Die Identität-Veränderungs-Differenz wird also als eine Steuerungsfrage verstanden, und die Antwort lautet, dass die Steuerung von innen – immer mit Bezug auf die eigenen, inneren Strukturen – erfolgt, unbeeinflusst von externen Faktoren. Dieser Prozess wurde bereits (in Kap. 7.2) als die Autopoiesis lebendiger Systeme beschrieben: Das System bezieht sich in all seinen Operationen auf sich selbst – macht sich also seine Steuerung selbst. In Organisationen reproduzieren sich Entscheidungen immer nur aus vorherigen Entscheidungen.

Systemtheorie ist, wie man auch in diesem Buch erkennen kann, keine Theorie, die auf die Unterscheidung »richtig oder falsch« Wert legt oder mit der unrealistischen »ceteris paribus«-Annahme der Ökonomie (unter sonst gleichen Umständen) arbeitet. Systemisch geht es darum, ob etwas funktional ist, wie es wirkt, also weiterhilft oder nicht. Was richtig oder falsch ist, kann nur von Fall zu Fall und in einem bestimmten Kontext festgestellt werden. Verallgemeinerungen wie in einem Kochrezept »man nehme eine Prise Salz«, werden skeptisch betrachtet. Die

Unterscheidung von richtig und falsch hilft, wenn es Wiederholungen gibt, doch Wiederholungen unter gleichen Bedingungen wie in einem Labor gibt es in der Wirklichkeit nun mal nicht. Selbst wenn die gleichen Personen das gleiche Experiment noch einmal machen, ist es anders, denn sie bringen ihre Erfahrung mit ein, ob sie wollen oder nicht. Mittlerweile finden sich Bestätigungen für diese Annahmen auch in anderen Wissenschaftsdisziplinen wie der Quantenmechanik (Zeilinger 2003, S. 213). Das Ergebnis eines Experiments ist auch vom Beobachter, vom Zeitpunkt der Beobachtung etc. abhängig.

Als konkrete Anleitung für die tägliche Anwendung der systemischen Grundgedanken empfiehlt es sich beispielsweise:

- den Fokus auf Ressourcen, nicht auf Probleme und Defizite zu legen: Was ist das Gute im Schlechten? Warum ist die Situation für die Organisation *auch* nützlich?
- verschiedene Perspektiven einzunehmen, statt monokausal zu denken: Was würden andere dazu sagen? Wer sieht es ähnlich, wer ganz anders?
- Ereignisse immer in ihrem Kontext zu sehen: Welche Dynamiken des Kontexts spiegeln sich hier wieder? Was hat diese Beobachtung mit der spezifischen Situation zu tun?
- in Systemen den Mobile-Effekt zu nutzen: Wo/wie wird der Prozess gestartet? Wie werden die Auswirkungen der Intervention beobachtet/reflektiert?
- nicht auf und in Personen zu schauen, sondern darauf, was zwischen ihnen passiert: Wenn Personen nicht »schuld« sind, welche Erklärungen gibt es dann? Unter welchen Annahmen ist ein bestimmtes Verhalten funktional und erklärbar? Was wurde verstanden, und wie war es gemeint?
- statt auf Begründungen und auf die Vergangenheit zu achten, mehr auf die Wirkungen und Nützlichkeit zu fokussieren: Statt »wer ist schuld, und warum ist das so passiert?« auch zu fragen, welche Wirkung es für die Organisation hatte? Was hat sich dadurch bewegt, was an Veränderung ergeben? Wer oder was profitiert davon? Wozu dient es?

Zum Abschluss soll ein aktueller Fall, der uns in einer Wohnungsgenossenschaft begegnet ist, einiges an grauer Theorie veranschaulichen und die Fantasie anregen. In unserem Praxisbeispiel dreht es sich um eine in den 1960er-Jahren gebaute Anlage mit mehreren Hundert Mietern. In den letzten Jahren sind immer mehr Menschen mit Migrationshintergrund in diese Wohnanlage gezogen. Sie haben andere Sitten aus fremden Ländern mitgebracht, die die alteingesessenen Mieter irritieren. Die meisten der Migranten sprechen höchstens gebrochen Deutsch, ihre eigenen Sprachen werden jedoch von den Alt-Mietern wiederum nicht verstanden. Die Muttersprache wurde zur Grenze. Innerhalb der eigenen Sprach-Communitys wird heftig diskutiert, Kommunikation über die Sprachgrenzen hinweg hingegen gibt es kaum oder nur höchst emotional. Dies führte zu wechselseitigen Abwertungen unter den Mietern. Schließlich sind die Konflikte so eskaliert, dass sich das Management veranlasst sah zu handeln.

Dreh- und Angelpunkt in fast jeder Wohnanlage ist der Hausverwalter. Hausverwalter lösen viele Probleme des Alltags. Sie haben eine gewisse Autorität und sorgen für Ruhe und Ordnung unter den Mietern. Doch in dieser Wohnanlage hatten die Hausverwalter die Konflikte zwischen den verschiedenen Mietergruppen längst nicht mehr im Griff. Daher betrachtete es das Management der Genossenschaft als naheliegend, bei den Hausverwaltern einzuhaken und sie in eine Konflikt- und Diversity-Schulung zu schicken. Sie sollten lernen, wie mit diesen Mietern richtig umzugehen ist. In unserem viereckigen Dreieck (siehe Kap. 3.2) setzte man also klar bei den Personen und ihrer Qualifikation an und hoffte, so die Kultur des Zusammenlebens positiv zu beeinflussen. Eine Schwierigkeit ergab sich jedoch bei dieser Vorgehensweise: Die Hausverwalter hatten das Gefühl, »das Pummerl« (Wienerisch für »Schwarzer Peter«) bekommen zu haben. Sie erlebten sich als diejenigen, die den Kopf hinhalten mussten, obwohl sie aus ihrer Sicht nichts für die verfahrene Situation konnten. Schließlich hätten nicht sie, sondern das Management entschieden, die Mieter mit Migrationshintergrund aufzunehmen. Und nun mussten sie in eine Schulung! Auf einmal hatten sie nicht mehr nur mit einem Problem zu kämpfen, *sie* waren plötzlich Teil des Problems. Eine schwierige Motivationslage, um einen Lernprozess bei den Hausverwaltern auszulösen.

Dementsprechende Wirkung zeigten die Schulungen: Wenn überhaupt etwas hängen blieb, war es nicht nachhaltig. Das erkannte auch das Management der Genossenschaft. Doch was nun? Wie soll das Management jetzt vorgehen? Für welche Maßnahmen soll es sich entscheiden? Gehen wir einige Möglichkeiten gedanklich durch: Weitere Schulungen der Hausverwalter werden, selbst wenn sie besser gestaltet sind, nichts bewirken. Eine Mieterversammlung kann sehr emotional werden, wenn überhaupt alle relevanten Beteiligten kommen. Eine neue Hausordnung wird vermutlich bestenfalls ignoriert.

Anstatt gleich über neue Aktivitäten nachzudenken, könnten wir auch die Neuwaldegger Schleife (siehe Kap. 2.3) nutzen: Informationen aufnehmen und erste Hypothesen bilden. Wir könnten uns fragen: Wer kommuniziert mit wem? Welche Subsysteme gibt es, und wie gelingt es ihnen zu kommunizieren, also Anschlusskommunikation herzustellen? Uns könnte auffallen, dass alle Hausverwalter bislang »echte Wiener« sind und auch sonst niemand in der Genossenschaft einen entsprechenden Migrationshintergrund hat. Wir könnten unsere Recruiting-Prozesse anschauen und überlegen, entsprechendes Personal mit Migrationshintergrund einzustellen. Wir könnten auch unsere Managementmeetings unter die Lupe nehmen, um zu überprüfen, wie dort zu diesem Thema kommuniziert und entschieden wird. Dann könnten wir uns schlaumachen und jene Punkte identifizieren, an denen Konflikte zwischen den Mietern und mit den Hausverwaltern auftreten und dazu Hypothesen bilden (Warum gerade hier und jetzt? Gibt es Ausnahmen?). Und natürlich besteht auch die Möglichkeit, dass wir uns mit dem Selbstverständnis (dem Daseinszweck oder Sinn) dieser Genossenschaft beschäftigen: Für wen ist sie eigentlich da? Welchen Nutzen soll sie stiften? Was ist ihr Gründungsauftrag, ihre Geschichte, und wie wurde bisher mit Konflikten umgegangen? Und schließlich: Was sagt uns das Selbstverständnis über dieses Thema?

Management ist, und das kann man an diesem Fall gut erkennen, eine anspruchsvolle Tätigkeit, die viel Gutes bewirken kann. Wohnungsgenossenschaften, Unternehmen, Fußballvereine, NGOs und viele andere brauchen Managementkompetenz. Denn die moderne Gesellschaft kommt ohne Organisationen nicht zurecht, und Organisationen brauchen kompetentes Management, um gut zu funktionieren. Kompetenz misst sich an der Fähigkeit des Managements, die Organisation durch seine Entscheidungen zur Selbststeuerung anzuregen und dadurch zu erwünschten Ergebnissen zu kommen. Die Annahme, dass diese Funktion nur von einzelnen heroischen Managern erfüllt werden kann, ist naiv.

> »Auf der Ebene der Kommunikation entscheiden sich Erfolg und Misserfolg des Unternehmens. Denn alles, was im Unternehmen geschieht, ist ein Ereignis, auf das andere reagieren – oder auch nicht. Kontrollieren heißt kommunizieren, und Kommunizieren heißt, die Kontrolle aus der Hand geben. Anders geht es nicht.« (Baecker 1994, S. 57)

Wir sind nun fast am Ende dieses Buches und hören auf, wie wir begonnen haben: mit einer Entscheidung. Wollen Sie sich überlegen, wie Sie – jetzt, da Sie das Buch offenbar gelesen haben – als Manager dieser Genossenschaft handeln würden, welche Ihre Hypothesen wären und welche Schritte Sie dort einleiten würden? Dies gilt es zu entscheiden, oder – und das ermöglicht Ihnen Ihre Autopoiesis – Sie entscheiden sich dafür, etwas anderes zu machen und diesen Fall ganz einfach fallen zu lassen.

Auch wenn Sie das tun, wird der Prozess Ihrer Entscheidungen weitergehen und die Lichterkette Ihrer Entscheidungen kein Ende finden.

Literatur

Amatori, F. a. A. Colli (2011): Business History. Complexities and Comparisons. London (Routledge).

Ameln, F. v. (2004): Konstruktivismus. Die Grundlagen systemischer Therapie, Beratung und Bildungsarbeit. Tübingen/Basel (Francke).

Andersen, T. (1990): Das reflektierende Team. Dialoge und Dialoge über Dialoge. Dortmund (Modernes Lernen).

Baecker, D. (1994): Postheroisches Management. Ein Vademecum. Berlin (Merve).

Baecker, D. (2003): Organisation und Management. Aufsätze. Frankfurt a. M. (Suhrkamp).

Baecker, D. (2004): Wozu Soziologie? Berlin (Kadmos).

Baecker, D. (2012): Autopoiesis. In: J. V. Wirth u. H. Kleve (Hrsg.): Lexikon des systemischen Arbeitens. Grundbegriffe der systemischen Praxis, Methodik und Theorie. Heidelberg (Carl-Auer), S. 46–49.

Barnard, C. I. (1938): The functions of the executive. Cambridge (Harvard University Press).

Bateson, G. (1981): Ökologie des Geistes. Anthropologische, psychologische, biologische und epistemologische Perspektiven. Frankfurt a. M. (Suhrkamp).

Beer, S. (1972): Brain of the firm; a development in management cybernetics. New York (Herder and Herder)

Bertalanffy, L. v. (1951): General system theory: a new approach to unity of science. Baltimore (John Hopkins).

Boos, F. (1990): Projektmanagement. In: R. Königswieser u. C. Lutz (Hrsg.): Das systemisch evolutionäre Management. Wien (Orac).

Boos, F. (1991): Zum Machen des Unmachbaren. Unternehmensberatung aus systemischer Sicht. In: H. Balck (Hrsg.): Evolutionäre Wege in die Zukunft. Wie lassen sich komplexe Systeme managen? Weinheim/Basel (Beltz), S. 101–127.

Boos, F., B. Heitger u. C. Hummer (2004): Veränderung – systemisch. In: F. Boos u. B. Heitger (Hrsg.): Veränderung – systemisch. Management des Wandels, Praxis, Konzepte und Zukunft. Stuttgart (Klett-Cotta), S. 13–45.

Boos, F. u. M. Lenglachner (2004): »Blut ist dicker als Wasser«. Generationsübergabe in Familienunternehmen. In: F. Boos u. B. Heitger (Hrsg.): Veränderung – systemisch. Management des Wandels, Praxis, Konzepte und Zukunft. Stuttgart (Klett-Cotta), S. 179–89.

Charam, R., S. Drotter a. J. Noel (2011): The Leadership Pipeline: How to Build the Leadership Powered Company. San Francisco (Jossey-Bass), 2nd ed.

Collins, J. C. u. J. I. Porras (2003): Immer erfolgreich. Die Strategien der Top-Unternehmen. Stuttgart (Deutsche Verlags-Anstalt). [am. Orig. (1994): Built to last. Successful habits of visionary companies. New York (Harper Business).]

Eagleman, D. (2012): Inkognito. Die geheimen Eigenleben unseres Gehirns. Frankfurt a. M. (Campus).

Eckardstein, D. v. (Hrsg.) (1999): Management. Theorien – Führen – Veränderung. Stuttgart (Schäffer-Poeschel).

Emlein, G. (2012): Sinn. In: J. V. Wirth u. H. Kleve (Hrsg.): Lexikon des systemischen Arbeitens. Grundbegriffe der systemischen Praxis, Methodik und Theorie. Heidelberg (Carl-Auer), S. 372–375.

Exner, A. (1992): Unternehmensidentität. In: R. Königswieser u. C. Lutz (Hrsg.): Das systemisch-evolutionäre Management. Der neue Horizont für Unternehmer. Beratergruppe Neuwaldegg. Wien (Orac), S. 191–203.

Exner, A., H. Exner u. G. Hochreiter (2009): Selbststeuerung von Unternehmen. Ein Handbuch für Manager und Führungskräfte. Wien (Campus).

Exner, H. (2012): Verlangsamen, um effizienter zu sein – Reflexionsteams als wichtiges Instrument für die Unternehmensleitung. *Hernsteiner* 03/12: S. 14–15.

Fink, F. u. M. Moeller (2018): Purpose Driven Organizations. Sinn – Selbstorganisation – Agilität. Stuttgart (Schäffer-Poeschel).

Foerster, H. v. (1985): Sicht und Einsicht. Versuche zu einer operativen Erkenntnistheorie. Braunschweig (Vieweg).

Foerster, H. v. (1997): Wissen und Gewissen. Versuch einer Brücke. Frankfurt a. M. (Suhrkamp).

Foerster, H. v. u. M. Bröcker (2002): Teil der Welt. Fraktale einer Ethik – ein Drama in drei Akten. Heidelberg (Carl-Auer). [3. Aufl. (2014): Teil der Welt. Fraktale einer Ethik – oder Heinz von Foersters Tanz mit der Welt].

Frankl, V. (1972): Der Mensch auf der Suche nach Sinn. Stuttgart (Klett).

Goethals, G. R. a. G. L. J. Sorenson (2006): The Quest for a General Theory of Leadership. Cheltenham (Elgar).

Gomez, P. u. G. J. B. Probst (1987): Vernetztes Denken im Management. *Die Orientierung* Nr. 89. Bern (Schweizerische Volksbank).

Grochla, E. (Hrsg.) (1980): Handwörterbuch der Organisation. Stuttgart (Schäffer-Poeschel).

Jarmai, H. (1995): Matrix versus Netzwerk. In: C. Schmitz, P. W. Gester u. B. Heitger (Hrsg.): Managerie, 3. Jahrbuch. Heidelberg (Carl-Auer), S. 41–62.

Jones, G. a. J. Zeitlin (2008): The Oxford Handbook of Business History. Oxford (Oxford University Press).

Kasper, H., W. Mayrhofer u. M. Meyer (1999): Management aus systemtheoretischer Perspektive – eine Standortbestimmung. In: D. v. Eckardstein (Hrsg.): Management. Theorien – Führung – Veränderung. Stuttgart (Schäffer-Poeschel), S. 161–209.

Kieser, A. (1996): Moden & Mythen des Organisierens. *Die Betriebswirtschaft* Bd. 56 (1): S. 21–39.

Kieser, A. u. M. Ebers (Hrsg.) (2006): Organisationstheorien. Stuttgart (Kohlhammer), 6. erw. Aufl. [1. Aufl.: A. Kieser (Hrsg.) (1993): Organisationstheorien. Stuttgart (Kohlhammer).]

Klimecki, R., G. Probst u. P. Eberl (1991): Systementwicklung als Managementproblem. In: W. H. Staehle (Hrsg.): Managementforschung 1. Selbstorganisation und systemische Führung. Berlin/New York (de Gruyter), S. 103–162.

Königswieser, R. u. A. Exner (1998): Systemische Intervention. Architekturen und Designs für Berater und Veränderungsmanager. Stuttgart (Klett-Cotta).

Krizanits, J. (2011): Professionsfeld Inhouse Consulting. Praxis und Theorie der internen Organisationsberatung. Heidelberg (Carl-Auer).

Lewin, K. (1963): Feldtheorie in den Sozialwissenschaften. Ausgewählte theoretische Schriften. Bern/Stuttgart (Huber).

Luhmann, N. (1964): Funktionen und Folgen formaler Organisation. Berlin (Duncker & Humblot).

Luhmann, N. (1973): Vertrauen. Ein Mechanismus der Reduktion sozialer Komplexität. Stuttgart (Enke), 2. erw. Aufl.

Luhmann, N. (1980): Komplexität. In: E. Grochla (Hrsg.): Handwörterbuch der Organisation. Stuttgart (Schäffer-Poeschel), S. 1064–1070.

Luhmann, N. (1984): Soziale Systeme. Grundriss einer allgemeinen Theorie. Frankfurt a. M. (Suhrkamp).

Luhmann, N. (1988): Organisation, In: W. Küpper u. G. Ortmann (Hrsg.): Mikropolitik. Rationalität, Macht und Spiele in Organisationen. Opladen (Westdeutscher Verlag), S. 65–185.

Luhmann, N. (1992a): Fragen an Niklas Luhmann (Interview). In: R. Königswieser u. C. Lutz (Hrsg.): Das systemisch-evolutionäre Management. Der Horizont für Unternehmer. Beratergruppe Neuwaldegg. Wien (Orac), S. 95–111.

Luhmann, N. (1992b): Kommunikationssperren in der Unternehmensberatung. In: R. Königswieser u. C. Lutz (Hrsg.): Das systemisch-evolutionäre Management. Der neue Horizont für Unternehmer. Beratergruppe Neuwaldegg. Wien (Orac), S. 236–249.

Luhmann, N. (2000): Organisation und Entscheidung. Wiesbaden (Westdeutscher Verlag).

Malik, F. (2006): Führen, leisten, leben. Wirksames Management für eine neue Zeit. Frankfurt a. M. (Campus).

March J. G. a. H. A. Simon (1958): Organizations. New York (Wiley).

Martens, W. P. M. u. G. Ortmann (2006): Organisationen in Luhmanns Systemtheorie. In: A. Kieser u. M. Ebers (Hrsg.): Organisationstheorien. Stuttgart (Kohlhammer), 6. erw. Aufl., S 427–461

Maturana, H. u. F. Varela (1984): Der Baum der Erkenntnis. Die biologischen Wurzeln menschlichen Erkennens. München (Goldmann). [3. Aufl. (2010): Frankfurt a. M. (Fischer).]

Mintzberg, H. (1973): The Nature of Managerial Work. New York (Harper & Row).

Mintzberg, H. (2009): Managing. San Francisco (Berrett-Koehler). [dt. (2011): Managen. Offenbach (Gabal).]

Morgan, G. (2008): Bilder der Organisation. Stuttgart (Klett-Cotta), 4. Aufl.

Sattelberger, T., B. Krusche u. D. Baecker (2013): Communities sind das Problem, und nicht die Lösung. Ein Gespräch zwischen Thomas Sattelberger, Bernhard Krusche und Dirk Baecker. *Revue – Magazine for the Next Society*, Heft 12: 78–85.

Schein, E. H. (2003): Organisationskultur. Bergisch-Gladbach (Ed. Humanistische Psychologie).

Schreyögg, G. (1991): Der Managementprozess – neu gesehen. In: W. H. Staehle (Hrsg.): Managementforschung. 1. Selbstorganisation und systemische Führung. Berlin/New York (de Gruyter), S. 255–289.

Shannon, C. E. a. W. Weaver (1949): The Mathematical Theory of Communication. Urbana (University of Illinois Press).

Simon, F. B. (2004): Gemeinsam sind wir blöd? Die Intelligenz von Unternehmen, Managern und Märkten. Heidelberg (Carl-Auer).

Simon, F. B. (2008): Einführung in Systemtheorie und Konstruktivismus. Heidelberg (Carl-Auer), 3. Aufl.

Simon, F. B. (2009): Einführung in die systemische Organisationstheorie. Heidelberg (Carl-Auer), 2. Aufl. 2011.

Simon, F. B. (2012): Einführung in die Theorie des Familienunternehmens. Heidelberg (Carl-Auer).

Snowden, D. J. a. M. E. Boone (2007): Entscheiden in chaotischen Zeiten. *Harvard Business Manager* 29 (12): 28–42.

Staehle, W. (1980): Management. Eine verhaltenswissenschaftliche Einführung. München (Vahlen). [8. Aufl. (1999) (überarb. P. Conrad): Management. Eine verhaltenswissenschaftliche Perspektive].

Taylor, F. W. (1911): The principles of scientific management. New York (Harper) [dt. 1913: Die Grundsätze wirtschaftlicher Betriebsführung. (Nachdruck (2004 = 1913): Düsseldorf (VDM-Verl. Müller).)]

Titscher, S. (2001): Professionelle Beratung. Was beide Seiten vorher wissen sollten. Frankfurt/O. (Ueberreuter).

Ulrich, P. u. E. Fluri (1975): Management. Eine konzentrierte Einführung. Bern (Haupt), 6. neubarb. u. erw. Aufl. 1992.

Weick, K. E. (1985): Der Prozeß des Organisierens. Frankfurt a. M. (Suhrkamp).

Weick, K. E. (1995): Sensemaking in Organizations. Thousand Oaks (Sage).

Weick, K. E. a. K. M. Sutcliffe (2003): Das Unerwartete Managen. Was Unternehmen aus Extrem-Situationen lernen können. Stuttgart (Klett-Cotta). [2. vollst. überarb. Aufl. (2010): Stuttgart (Schäffer-Poeschel).] [am. Orig. (2001): Managing the unexpected. Assuring high performance in an age of complexity. San Francisco (Jossey-Bass).]

Willke, H. (1996): Systemtheorie I. Grundlagen: eine Einführung in die Grundprobleme der Theorie sozialer Systeme. Stuttgart (Lucius & Lucius), 5. überarb. Aufl.

Willke, H. (1999): Systemtheorie II. Interventionstheorie: Grundzüge einer Theorie der Intervention in komplexe Systeme. Stuttgart (Lucius & Lucius), 3. Aufl.

Wimmer, R. (2012): Die neuere Systemtheorie und ihre Implikationen für das Verständnis von Organisation, Führung und Management. In: J. Rüegg-Stürm u. T. Bieger (Hrsg.): Unternehmerisches Management – Herausforderungen und Perspektiven. Festschrift für P. Gomez. Bern (Haupt), S. 7–65. Verfügbar unter: http://www.osb-i.com/de/publikationen/die-neuere-systemtheorie-und-ihre-implikationen-fuer-das-verstaendnis-von-organisation [20.11.2013].

Wirth, J. V. u. H. Kleve (Hrsg.) (2012): Lexikon des systemischen Arbeitens. Grundbegriffe der systemischen Praxis, Methodik und Theorie. Heidelberg (Carl-Auer).

Witzel, M. (2009): Management History. Text and cases. London (Routledge).

Witzel, M. (2012): A History of management thought. London (Routledge).

Wohland, G., J. Huther-Fries, M. Wiemeyer u. J. Wilmes (2004): Vom Wissen zum Können. Merkmale dynamikrobuster Höchstleistung. Eine empirische Untersuchung auf systemtheoretischer Basis. Eschborn (Detecon Consulting). Verfügbar unter: http://www.detecon.com/media.php/publications/studies/de/Hoechstleister.pdf [20.11.2013].

Wren, D. A. a. A. G. Bedeian (2009): The evolution of management thought. Hoboken (Wiley).

Wynberg, R. a. C. Jardine (2000): Biotechnology and Biodiversity: Key Policy Issues for South Africa. Verfügbar unter: http://www.biowatch.org.za/docs/biodiversity_biotechnology.pdf [20.11.2013].

Zeilinger, A. (2003): Einsteins Schleier. Die neue Welt der Quantenphysik. München (Beck), 2. Aufl.

Über die Autoren

Frank Boos, Dr., Senior Partner der Beratergruppe Neuwaldegg, Leiter des Neuwaldegger Curriculums für systemische Organisationsentwicklung. Seit über 40 Jahren internationaler Organisationsberater. Autor zahlreicher Veröffentlichungen.

Kontakt: *www.neuwaldegg.at*

Gerald Mitterer, Dr., Gründungsmitglied von dwarfs and Giants, arbeitet als systemischer Berater mit Vorstands- und Geschäftsführungsteams an der Zukunftsfähigkeit ihrer Organisationen. Schwerpunkte: systemische Transformationsprozesse, moderne Organisationsmodelle, Leadership-Ausbildungen (next:pedition).

Kontakt: *www.dwarfsandgiants.org*